清华大学优秀博士学位论文丛书

质量量子基准新方案

——测量惯性质量的摆动周期法研究

李世松 著 Li Shisong

Absolute Determination of Inertial Mass
by Quasi-elastic Electrostatic Oscillation Method

清华大学出版社
北 京

内 容 简 介

本书介绍了一种质量量子基准新方案及其试验论证过程。通过设计一种摆动天平装置，以时间测量为纽带，建立惯性质量和普朗克常数间的联系，实现对砝码质量的绝对测量。本书基本反映了作者近年来在质量量子基准研究方面的研究成果，并提供了详尽的参考资料。

本书可作为电磁测量专业研究生的参考用书，亦可作为计量领域研究人员的参考用书。

图书在版编目(CIP)数据

质量量子基准新方案：测量惯性质量的摆动周期法研究/李世松著.—北京：清华大学出版社，2018

（清华大学优秀博士学位论文丛书）

ISBN 978-7-302-49418-8

Ⅰ.①质…　Ⅱ.①李…　Ⅲ.①量子-计量-研究　Ⅳ.①TB939

中国版本图书馆CIP数据核字(2018)第012171号

责任编辑： 刘嘉一　薛　慧
封面设计： 傅瑞学
责任校对： 王淑云
责任印制： 宋　林

出版发行： 清华大学出版社
　网　址：http://www.tup.com.cn，http://www.wqbook.com
　地　址：北京清华大学学研大厦A座　　邮　编：100084
　社 总 机：010-62770175　　邮　购：010-62786544
　投稿与读者服务：010-62776969，c-service@tup.tsinghua.edu.cn
　质量反馈：010-62772015，zhiliang@tup.tsinghua.edu.cn
印 装 者： 三河市铭诚印务有限公司
经　销： 全国新华书店
开　本： 155mm×235mm　**印　张：** 8.75　**字　数：** 152千字
版　次： 2018年6月第1版　**印　次：** 2018年6月第1次印刷
定　价： 69.00元

产品编号：071507-01

一流博士生教育
体现一流大学人才培养的高度（代丛书序）[①]

人才培养是大学的根本任务。只有培养出一流人才的高校，才能够成为世界一流大学。本科教育是培养一流人才最重要的基础，是一流大学的底色，体现了学校的传统和特色。博士生教育是学历教育的最高层次，体现出一所大学人才培养的高度，代表着一个国家的人才培养水平。清华大学正在全面推进综合改革，深化教育教学改革，探索建立完善的博士生选拔培养机制，不断提升博士生培养质量。

学术精神的培养是博士生教育的根本

学术精神是大学精神的重要组成部分，是学者与学术群体在学术活动中坚守的价值准则。大学对学术精神的追求，反映了一所大学对学术的重视、对真理的热爱和对功利性目标的摒弃。博士生教育要培养有志于追求学术的人，其根本在于学术精神的培养。

无论古今中外，博士这一称号都是和学问、学术紧密联系在一起，和知识探索密切相关。我国的博士一词起源于 2000 多年前的战国时期，是一种学官名。博士任职者负责保管文献档案、编撰著述，须知识渊博并负有传授学问的职责。东汉学者应劭在《汉官仪》中写道："博者，通博古今；士者，辩于然否。" 后来，人们逐渐把精通某种职业的专门人才称为博士。博士作为一种学位，最早产生于 12 世纪，最初它是加入教师行会的一种资格证书。19 世纪初，德国柏林大学成立，其哲学院取代了以往神学院在大学中的地位，在大学发展的历史上首次产生了由哲学院授予的哲学博士学位，并赋予了哲学博士深层次的教育内涵，即推崇学术自由、创造新知识。哲学博士的设立标志着现代博士生教育的开端，博士则被定义为独立从事学术研究、具备创造新知识能力的人，是学术精神的传承者和光大者。

---

① 本文首发于《光明日报》，2017 年 12 月 5 日。

博士生学习期间是培养学术精神最重要的阶段。博士生需要接受严谨的学术训练，开展深入的学术研究，并通过发表学术论文、参与学术活动及博士论文答辩等环节，证明自身的学术能力。更重要的是，博士生要培养学术志趣，把对学术的热爱融入生命之中，把捍卫真理作为毕生的追求。博士生更要学会如何面对干扰和诱惑，远离功利，保持安静、从容的心态。学术精神特别是其中所蕴含的科学理性精神、学术奉献精神不仅对博士生未来的学术事业至关重要，对博士生一生的发展都大有裨益。

独创性和批判性思维是博士生最重要的素质

博士生需要具备很多素质，包括逻辑推理、言语表达、沟通协作等，但是最重要的素质是独创性和批判性思维。

学术重视传承，但更看重突破和创新。博士生作为学术事业的后备力量，要立志于追求独创性。独创意味着独立和创造，没有独立精神，往往很难产生创造性的成果。1929 年 6 月 3 日，在清华大学国学院导师王国维逝世二周年之际，国学院师生为纪念这位杰出的学者，募款修造“海宁王静安先生纪念碑”，同为国学院导师的陈寅恪先生撰写了碑铭，其中写道：“先生之著述，或有时而不章；先生之学说，或有时而可商；惟此独立之精神，自由之思想，历千万祀，与天壤而同久，共三光而永光。”这是对于一位学者的极高评价。中国著名的史学家、文学家司马迁所讲的“究天人之际、通古今之变，成一家之言”也是强调要在古今贯通中形成自己独立的见解，并努力达到新的高度。博士生应该以“独立之精神、自由之思想”来要求自己，不断创造新的学术成果。

诺贝尔物理学奖获得者杨振宁先生曾在 20 世纪 80 年代初对到访纽约州立大学石溪分校的 90 多名中国学生、学者提出：“独创性是科学工作者最重要的素质。”杨先生主张做研究的人一定要有独创的精神、独到的见解和独立研究的能力。在科技如此发达的今天，学术上的独创性变得越来越难，也愈加珍贵和重要。博士生要树立敢为天下先的志向，在独创性上下功夫，勇于挑战最前沿的科学问题。

批判性思维是一种遵循逻辑规则、不断质疑和反省的思维方式，具有批判性思维的人勇于挑战自己、敢于挑战权威。批判性思维的缺乏往往被认为是中国学生特有的弱项，也是我们在博士生培养方面存在的一个普遍问题。2001 年，美国卡内基基金会开展了一项“卡内基博士生教育创新计划”，针对博士生教育进行调研，并发布了研究报告。该报告指出：在美国和欧洲,培养学生保持批判而质疑的眼光看待自己、同行和导师的观点同样非常不容易,批判性思维的培养必须要成为博士生培养项目的组成部分。

对于博士生而言,批判性思维的养成要从如何面对权威开始。为了鼓励学生质疑学术权威、挑战现有学术范式,培养学生的挑战精神和创新能力,清华大学在 2013 年发起"巅峰对话",由学生自主邀请各学科领域具有国际影响力的学术大师与清华学生同台对话。该活动迄今已经举办了 21 期,先后邀请 17 位诺贝尔奖、3 位图灵奖、1 位菲尔兹奖获得者参与对话。诺贝尔化学奖得主巴里·夏普莱斯(Barry Sharpless)在 2013 年 11 月来清华参加"巅峰对话"时,对于清华学生的质疑精神印象深刻。他在接受媒体采访时谈道:"清华的学生无所畏惧,请原谅我的措辞,但他们真的很有胆量。"这是我听到的对清华学生的最高评价,博士生就应该具备这样的勇气和能力。培养批判性思维更难的一层是要有勇气不断否定自己,有一种不断超越自己的精神。爱因斯坦说:"在真理的认识方面,任何以权威自居的人,必将在上帝的嬉笑中垮台。"这句名言应该成为每一位从事学术研究的博士生的箴言。

提高博士生培养质量有赖于构建全方位的博士生教育体系

一流的博士生教育要有一流的教育理念,需要构建全方位的教育体系,把教育理念落实到博士生培养的各个环节中。

在博士生选拔方面,不能简单按考分录取,而是要侧重评价学术志趣和创新潜力。知识结构固然重要,但学术志趣和创新潜力更关键,考分不能完全反映学生的学术潜质。清华大学在经过多年试点探索的基础上,于 2016 年开始全面实行博士生招生"申请-审核"制,从原来的按照考试分数招收博士生转变为按科研创新能力、专业学术潜质招收,并给予院系、学科、导师更大的自主权。《清华大学"申请-审核"制实施办法》明晰了导师和院系在考核、遴选和推荐上的权利和职责,同时确定了规范的流程及监管要求。

在博士生指导教师资格确认方面,不能论资排辈,要更看重教师的学术活力及研究工作的前沿性。博士生教育质量的提升关键在于教师,要让更多、更优秀的教师参与到博士生教育中来。清华大学从 2009 年开始探索将博士生导师评定权下放到各学位评定分委员会,允许评聘一部分优秀副教授担任博士生导师。近年来学校在推进教师人事制度改革过程中,明确教研系列助理教授可以独立指导博士生,让富有创造活力的青年教师指导优秀的青年学生,师生相互促进、共同成长。

在促进博士生交流方面，要努力突破学科领域的界限，注重搭建跨学科的平台。跨学科交流是激发博士生学术创造力的重要途径，博士生要努力提升在交叉学科领域开展科研工作的能力。清华大学于2014年创办了“微沙龙”平台，同学们可以通过微信平台随时发布学术话题、寻觅学术伙伴。3年来，博士生参与和发起“微沙龙”12000多场，参与博士生达38000多人次。“微沙龙”促进了不同学科学生之间的思想碰撞，激发了同学们的学术志趣。清华于2002年创办了博士生论坛，论坛由同学自己组织，师生共同参与。博士生论坛持续举办了500期，开展了18000多场学术报告，切实起到了师生互动、教学相长、学科交融、促进交流的作用。学校积极资助博士生到世界一流大学开展交流与合作研究，超过60%的博士生有海外访学经历。清华于2011年设立了发展中国家博士生项目，鼓励学生到发展中国家亲身体验和调研，在全球化背景下研究发展中国家的各类问题。

在博士学位评定方面，权力要进一步下放，学术判断应该由各领域的学者来负责。院系二级学术单位应该在评定博士论文水平上拥有更多的权力，也应担负更多的责任。清华大学从2015年开始把学位论文的评审职责授权给各学位评定分委员会，学位论文质量和学位评审过程主要由各学位分委员会进行把关，校学位委员会负责学位管理整体工作，负责制度建设和争议事项处理。

全面提高人才培养能力是建设世界一流大学的核心。博士生培养质量的提升是大学办学质量提升的重要标志。我们要高度重视、充分发挥博士生教育的战略性、引领性作用，面向世界、勇于进取，树立自信、保持特色，不断推动一流大学的人才培养迈向新的高度。

邱勇

清华大学校长

2017年12月5日

丛书序二

以学术型人才培养为主的博士生教育，肩负着培养具有国际竞争力的高层次学术创新人才的重任，是国家发展战略的重要组成部分，是清华大学人才培养的重中之重。

作为首批设立研究生院的高校，清华大学自 20 世纪 80 年代初开始，立足国家和社会需要，结合校内实际情况，不断推动博士生教育改革。为了提供适宜博士生成长的学术环境，我校一方面不断地营造浓厚的学术氛围，一方面大力推动培养模式创新探索。我校已多年运行一系列博士生培养专项基金和特色项目，激励博士生潜心学术、锐意创新，提升博士生的国际视野，倡导跨学科研究与交流，不断提升博士生培养质量。

博士生是最具创造力的学术研究新生力量，思维活跃，求真求实。他们在导师的指导下进入本领域研究前沿，吸取本领域最新的研究成果，拓宽人类的认知边界，不断取得创新性成果。这套优秀博士学位论文丛书，不仅是我校博士生研究工作前沿成果的体现，也是我校博士生学术精神传承和光大的体现。

这套丛书的每一篇论文均来自学校新近每年评选的校级优秀博士学位论文。为了鼓励创新，激励优秀的博士生脱颖而出，同时激励导师悉心指导，我校评选校级优秀博士学位论文已有 20 多年。评选出的优秀博士学位论文代表了我校各学科最优秀的博士学位论文的水平。为了传播优秀的博士学位论文成果，更好地推动学术交流与学科建设，促进博士生未来发展和成长，清华大学研究生院与清华大学出版社合作出版这些优秀的博士学位论文。

感谢清华大学出版社，悉心地为每位作者提供专业、细致的写作和出版指导，使这些博士论文以专著方式呈现在读者面前，促进了这些最新的优秀研究成果的快速广泛传播。相信本套丛书的出版可以为国内外各相关领域或交叉领域的在读研究生和科研人员提供有益的参考，为相关学科领域的发展和优秀科研成果的转化起到积极的推动作用。

感谢丛书作者的导师们。这些优秀的博士学位论文，从选题、研究到成文，离不开导师的精心指导。我校优秀的师生导学传统，成就了一项项优秀的研究成果，成就了一大批青年学者，也成就了清华的学术研究。感谢导师们为每篇论文精心撰写序言，帮助读者更好地理解论文。

感谢丛书的作者们。他们优秀的学术成果，连同鲜活的思想、创新的精神、严谨的学风，都为致力于学术研究的后来者树立了榜样。他们本着精益求精的精神，对论文进行了细致的修改完善，使之在具备科学性、前沿性的同时，更具系统性和可读性。

这套丛书涵盖清华众多学科，从论文的选题能够感受到作者们积极参与国家重大战略、社会发展问题、新兴产业创新等的研究热情，能够感受到作者们的国际视野和人文情怀。相信这些年轻作者们勇于承担学术创新重任的社会责任感能够感染和带动越来越多的博士生们，将论文书写在祖国的大地上。

祝愿丛书的作者们、读者们和所有从事学术研究的同行们在未来的道路上坚持梦想，百折不挠！在服务国家、奉献社会和造福人类的事业中不断创新，做新时代的引领者。

相信每一位读者在阅读这一本本学术著作的时候，在吸取学术创新成果、享受学术之美的同时，能够将其中所蕴含的科学理性精神和学术奉献精神传播和发扬出去。

姚广

清华大学研究生院院长

2018年1月5日

导师序言

国际单位制即 SI，共有 7 个基本单位。质量的单位千克，是 SI 的一个基本单位，被定义为国际千克原器的质量。截至目前，千克是最后一个仍以实物作为基准的基本 SI 单位。使用实物作为基准存在的最大问题，是其量值由于受保存环境，例如海拔、湿度、温度、地磁场、空气中某些物质气体成分等的影响，发生未知的漂移。从 1889 年至 2014 年国际计量局共进行了 4 次千克量值的比对实验，测量数据显示，国际千克原器与其他 6 个副基准的质量偏差已经超过 50μg。千克量值的变化，直接影响 SI 单位制的准确性。因此，为质量的单位千克寻找一个更准确且易于保存、复现的新定义，已成为国际计量界最重要的任务之一。

人类为克服实物基准随时间发生漂移的致命缺陷，探索依托近些年量子物理研究取得的成就，改用量子基准取代经典的实物基准。在全世界计量领域科学家的共同努力下，国际计量领域已达成普遍共识，即采用基本物理常数来定义基本 SI 单位。届时，国际单位制 SI 将会发生重大变革，其基本内容包括：①仍采用现行 SI 单位制的 7 个基本单位；②采用玻尔兹曼常数 k、电子电荷量 e、阿伏伽德罗常数 N_{A} 和普朗克常数 h 分别重新定义基本单位开尔文、安培、摩尔和千克；③基本单位坎德拉、米、秒已经采用基本物理常数定义，原定义只需稍做修改；④保持重新定义的基本单位量值不变。

由于各个基本物理常数之间存在相关性，例如电子电荷量 e 和阿伏伽德罗常数 N_{A} 的 99.9% 的不确定度，均源于普朗克常数 h 的不确定度分量，关于对 h 的精确测量，是实现基于基本物理常数的新 SI 单位制不可或缺的重要环节。然而，精密测量普朗克常数暨质量量子基准的研究工作十分艰难，2012 年，该项研究被 *Nature* 杂志评为世界第六大科学难题。

目前，国际计量局已经基本通过了关于采用普朗克常数 h 重新定义千克的草案，并提出，实现质量的量子基准，必须至少有三种基于不同原理实现的技术方案的独立试验结果，且以它们测量得到的普朗克常数的不确定度要小于 5×10^{-8}。而截至 2012 年，世界多国计量科学家长期探索并开展的质量量子基准研究的技术方法有很多种，但其原理本质上仅属于两种技术方案，即所谓“功率天平”方案和“硅球”方案，并且它们均属于对引力质量的测量。

李世松攻读博士学位期间，创新性地提出了一种完全不同于“功率天平”和“硅球”的技术方案 —— 基于惯性质量测量的质量量子基准研究新方案，其在技术实现方法上，又称摆动周期法。摆动周期法作为一种技术方案，为质量量子基准研究提供了第三种完全独立的技术路线。与此同时，摆动周期法从基本原理上是基于对宏观惯性质量测量，因而具有更为丰富的物理内涵。摆动周期法一经提出，立即就引起了国际同行的密切关注。

李世松在他的博士学位论文中提出了摆动周期法的研究方案，并具体给出了可以证明该方案具有科学合理性的理论框架。具体地，在他的研究中，采用一种等臂式摆动天平实现了砝码质量与其积分量（质心、转动惯量）的解耦，克服了以传统摆动法测量惯性质量时质心难以测准的缺陷；构建了表征摆动天平系统运动特性的微分方程，并通过测量不同砝码和电容两极板间施加不同电压下的摆动周期，建立了电学量与绝对量之间的联系，导出了砝码惯性质量量值和普朗克常数值之间的联系；利用双 Kelvin 电容器系统产生反弹性静电力，从而可将对电磁力的表征由三维转化为一维，明显简化了天平系统的准直问题；构建了双 Kelvin 电容器系统的准弹性模型，降低了电容器两极板之间的工作电压，从而明显改善了电压源中电阻分压器的负载效应和电压效应；还推导出了摆动天平系统的相平面运动方程，分析了其非线性，并得到了摆动周期的一般解。

李世松还研制、搭建了一套实现摆动周期法的试验性测量装置。具体地，设计并优化了位移传感器、速度传感器和执行器，实现了一种线性速度反馈系统，用以控制摆动天平系统的能量；提出了一种新的 Kelvin 电容器产生静电力的工作方式，避免了传统工作方式下中心电极与保护电极同步运动的困难；通过拟合电容与竖直距离的相关特性，有效提高了电容测量的稳定性；研制了可输出 1.6kV 直流电压的精密电压源；设计出了基于 PLC 控制的砝码自动同步加减装置，并实现了摆动天平系统的计算机控制和自动化测量。最终，在所搭建的摆动周期法试验性测量装置上，对普朗克常数值实施了试验测量，并在 10^{-4} 量级上验证了以该方法实现质量单位千克的量子基准的可行性。

以摆动周期法实现质量量子基准的研究方案已得到国际同行的关注，与之相关研究成果也以论文形式发表在*Metrologia*、*IEEE Trans. Instrum. Meas.* 等国际计量领域的知名期刊上。但李世松很清楚，自己在博士学位论文工作阶段，只是提出了一种完全不同于已有的“功率天平”和“硅球”的技术方案，而要使得以该技术方案构建的试验装置测量普朗克常数的不确定度达到 10^{-8} 的水平，还有许多研究工作要做。为此，李世松毕业后，立即着手开始了博士后研究工作，继续推动该课题研究的不断深入，已经与其他博士生提出一种用环形电容器产生正弹性静电力的方案，有望大幅降低摆动周期法的低频噪声，提高测量的准确性；另外，他还与其他博士生对天平横梁形变引起的系统重心和转动惯量变化进行了深入的研究，发现了这些因素之间存在的物理联系，并根据校准结果，对摆动周期法进行相应补偿，以降低试验装置测量普朗克常数的不确定度。

完全有理由期待和相信，沿着李世松提出的摆动周期法的技术路线持续不断地深入研究下去，精雕细刻地研制、改进相应试验装置的每一个功能单元及其具体细节，由这一独立技术方案实现的普朗克常数的测量不确定度指标将会越来越好，我国在该领域的话语权和国际影响力将会不断提升。

赵 伟

清华大学电机工程与应用电子技术系

2016 年 8 月

摘要

实现质量量子基准是建立以基本物理常数为定义的新 SI 体系中最重要也是最困难的一环，是当今国际计量领域研究的热点和难点之一。根据国际计量委员会的要求，实现质量量子基准必须至少要有三种独立方案测量普朗克常数的不确定度小于 5×10^{-8}。而目前，世界上正在进行的质量量子基准研究方案仅有两种：功率天平方案和硅球方案，且两者测量的均为引力质量。本论文提出了一种基于惯性质量测量的“摆动周期法”质量量子基准研究方案，其原理不同于功率天平方案和硅球方案，可作为第三种实验方案精确测量普朗克常数。

建立了摆动周期法测量普朗克常数的基本理论框架。用一架等臂式摆动天平实现了砝码质量与其积分量（质心、转动惯量）的解耦，避免了传统摆动法测量惯性质量时质心难以测准的缺陷。推导了摆动天平系统的微分方程，通过测量不同砝码和不同电容极板电压下的摆动周期，建立了电学量与绝对量之间的联系，导出了砝码惯性质量量值和普朗克常数值。利用双 Kelvin 电容器系统产生反弹性静电力，将电磁力由三维转化为一维，简化了系统准直问题。建立了双 Kelvin 电容器系统的准弹性模型，降低了电容器极板工作电压，明显降低了电压源中电阻分压器的温度系数和电压系数。推导了摆动天平系统的相平面运动方程，分析了其非线性，并得到了摆动周期的一般解。

研制了一套摆动周期法试验装置。设计并优化了位移传感器、速度传感器和执行器，实现了一种线性速度反馈系统，用以控制摆动天平系统的能量。提出了一种新的 Kelvin 电容器产生静电力的工作方式，避免了传统工作方式下中心电极和保护电极同步运动的困难。通过拟合电容与竖直距离的相关特征，有效提高了电容测量的稳定性。研制了一台可输出 1.6kV 直流电压的精密电压源，其输出在空气中 8h 的稳定性优于 1×10^{-6}。设计了基于 PLC 控制的砝码自动同步加减装置，并实现了摆动天平系统的计算机控制和自动化测量。试验测得的普朗克常数值为 $h = 6.62493 \times 10^{-34}$Js，相对不确定度为 3.6×10^{-4}，测量结果验证了本论文所建立的摆动周期法基本理论，证实了摆动周期法的可行性。

关键词：惯性质量；普朗克常数；Kelvin 电容器；非线性分析；静电力

Abstract

Establishment for the quantum mass standard is one of the most important procedures in realizing the new international system of units (SI) based on fixing the numerual number of fundamental physical constants, which is also a hot and difficult issue in modern metrology. Based on the CCM requirements for redefining the kilogram, three conditions that at least three independent experiments with the relative uncertainty of 5×10^{-8} should be achieved. Two well-known experiments, the watt balance and the Avogadro project, are being perused worldwide, both of which are based on gravitational mass measurement. In this thesis, a quasi-elastic electrostatic oscillation method is proposed for inertial mass measurement. In a traceability to basic physical constant, the proposed method is independent to either the watt balance or the Avogadro project, and can be employed as a third approach for realizing the kilogram.

An approach for realizing the quantum mass standard, the quasi-elastic electrostatic oscillation method, is proposed for absolute inertial mass measurement. In the design, the test mass is decoupled from its integral quantities (e.g., mass center, moment of inertia) by using the sharp-edged knives of the balance, which avoids the difficulty in measuring the mass center in the conversional pendulum method. The 1990 electrical unit is related to SI unit with derivation of the inertial mass and the Planck constant by measuring oscillation periods of the quasi-elastic electrostatic oscillator with different test masses and applying different dc voltages. A twin-Kelvin-capacitor system is applied for generating the elastic electrostatic force and the alignment of the electrostatic force is much easier compared to a coil system, because the dimension of the capacitor system is typical one rather than three of the coil system. The quasi-elasticity of the twin-Kelvin-capacitor system is modeled. It is found that the required dc voltage applied on the Kelvin capacitor is only several kilovolt, and in this case, the TCR and VCR of the resistance voltage divider are reduced obviously. The moving equation of the beam-balance oscillator in the phase plane is deviated. By analyzing its nonlinearity, the periodic solution of the quasi-elastic electrostatic oscillation system is obtained.

The primary experimental apparatus is built for testing the principle of the proposal. The displacement sensor, the velocity sensor and the actuator are designed, and a linear velocity feedback system is presented to control the energy of the oscillator. A new electrostatic force realization of the Kelvin capacitor is proposed, which avoids the difficulty in synchronously moving the central and guard-ring electrodes of a conventional voltage balance. By a functional fitting of the Kelvin capacitance and the vertical coordinate, the stability for the capacitance measurement is greatly improved. A high precision dc voltage source with output voltage up to 1.6kV is designed, and the measurement result shows that its output voltage in air has a stability better than 1×10^{-6} in 8 hours. The test masses are synchronously added or removed by a PLC control system, and the whole apparatus is automatically operated by relays based on a computer. The measured value of the Planck constant is $h = 6.62493 \times 10^{-34}$ Js with a relative uncertainty of 3.6×10^{-4}. The measurement results verify basic theories of the quasi-elastic electrostatic oscillation system, which also shows the feasibility of the proposal in this thesis.

Key words: inertial mass, the Planck constant, Kelvin capacitor, nonlinear analysis, electrostatic force

缩略语对照表

[AB]	电流天平
[BIPM]	国际计量局
[CCM]	质量及相关量咨询委员会
[CIPM]	国际计量委员会
[CODATA]	国际科学数据委员会
[CSIRO]	澳大利亚科学与工业研究组织
[GPS]	全球定位系统
[INRIM]	意大利国家计量院
[IPK]	国际千克原器
[IRMM]	比利时标准材料测量研究所
[JB]	能量天平
[KRISS]	韩国标准和科学研究院
[LNE]	法国国家计量研究院
[METAS]	瑞士计量认证研究所
[MSL]	新西兰国家计量院
[NIM]	中国计量科学研究院
[NIST]	美国国家标准与技术研究院
[NMIA]	澳大利亚国家测量研究院
[NMIJ/AIST]	日本国家计量院
[NPL]	英国国家物理研究所
[NRC]	加拿大国家研究委员会
[PTB]	联邦德国物理技术研究所

[SI]	国际单位制
[TCR]	温度系数
[VB]	电压天平
[VCR]	电压系数
[WB]	功率天平

目录

第 1 章　引　　言

1.1　质量量子基准研究的意义

1.1.1　质量量子基准研究是建立基本物理常数为基础的 SI 新体制的需要

计量基准是量值溯源的最终依据，它对于保证测量结果的准确性有着无法替代的重要作用[1]。从 1960 年米制公约建立开始，国际单位制（SI）已经发展成为世界上使用最为广泛的单位制，其准确性是由七个 SI 基本单位即千克（kg）、米（m）、秒（s）、安培（A）、摩尔（mol）、开尔文（K）、坎德拉（cd）的准确保存和复现来保证的。七个 SI 基本单位虽然可导出其他所有的非基本单位，但它们的定义并不是相互独立的，而是彼此间存在一定的关联性[2]。图 1.1 中的内圈揭示了七个 SI 基本单位定义之间的联系。

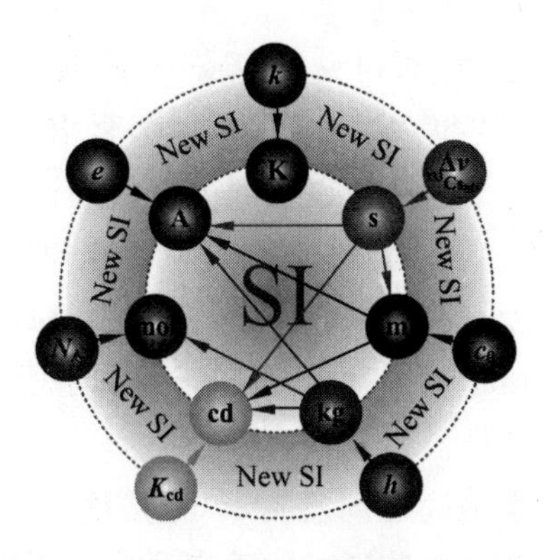

图 1.1　SI 基本单位的联系（内圈）和基于物理常数的 SI 单位制新定义框架（外圈）

从图 1.1 可以看出，安培、摩尔和坎德拉的定义，是与秒、米、千克相关联的。例如，电流单位安培的定义为“在真空中，两根相距 1m 的无限长、截面积可以忽略的平行圆直导线内通过等量恒定电流，若这两根导线间相互作用力在每米长度上为 2×10^{-7}N，则每根导线中的电流为 1A”。显然，在定义安培时用到了牛顿，而牛顿可表示为基本单位千克、米、秒的组合。众所周知，秒用 ^{133}Cs 原子的能级跃迁周期来定义，以原子钟复现其定义的准确性优于 10^{-16} 量级[3,4]；米的定义与真空光速 c_0 相联系，其复现准确性也在 10^{-11} 量级[5]；而质量单位千克，是最后一个仍然以实物作为基准的 SI 基本单位[6]，其定义为“国际千克原器（international prototype of kilogram，IPK）的质量”。

国际千克原器制作于 19 世纪，采用化学性质稳定的铂铱合金（90% 铂加 10% 铱）制作而成，其在制作之初被评估出的相对不确定度为 10^{-9} 量级，曾被认为是最精确的计量标准之一。但使用实物作基准的最大问题是，其量值因受外界环境多种因素的影响会随时间的推移而发生未知的漂移。例如，国际千克原器表面吸附的一些肉眼无法察觉的气体分子和其他杂物，以及多年使用中形成的磨损及划痕等，均会使其质量发生变化。国际计量局（Bureau International des Poids et Mesures，BIPM）1889 年制作出国际千克原器时，还制作了 6 个千克副原器（编号：K1、7、8(41)、32、43、47），以用于监督国际千克原器的稳定性。每隔约 50 年，国际计量局会组织各个国家的计量院，进行国际千克原器和千克副原器的比对实验。到目前为止，这样的比对实验已经进行了 4 次，比对结果如图 1.2 所示[7,8]。

从图 1.2 所示的比对结果可见，国际千克原器与千克副原器以每年约 5×10^{-10}g/g 的速度发生偏离，即在 1889 年至 2014 年这 100 余年的时间里，国际千克原器与千克副原器之间的量值差已经达到了 50μg。需要特别强调的是，图 1.2 的比对数据是以国际千克原器的质量作为参考的，而实际更可能的情况是，国际千克原器与千克副原器的质量都在发生相同方向（增大或减小）的漂移。但由于缺乏检测手段，其质量的绝对漂移量无人可知。

国际千克原器的量值随时间发生未知的漂移，SI 基本单位千克将不能很好地被保存和复现。由此造成的千克量值的不确定性，将会通过 SI

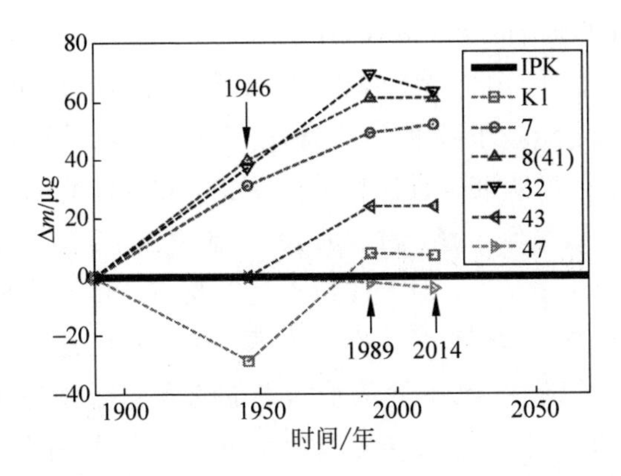

图 1.2　国际千克原器与千克副原器的比对结果（1889—2014）

基本单位定义之间的关联性（见图 1.1）直接影响 SI 基本单位坎德拉、安培、摩尔的复现准确性。而且，实物基准固有的另一缺点是，用以保存和复现 SI 基本单位千克的国际千克原器仅有一个，如果由于天灾、战争等不可预测原因而发生意外损坏的话，则再也无法将其精确地复制出来，即原来连续保存的千克单位量值将会因之而中断。因此，取代七个 SI 基本单位中的最后一个实物基准，为千克这个 SI 基本单位寻找到一个具有高稳定性、高准确性、易于保存和复现的新定义，已经成为当前国际计量界的首要任务之一[9–12]。

随着量子物理的快速发展及其在众多领域的成功运用，以量子基准取代经典的实物基准，已经成为计量基准发展的新趋势[13]。所谓量子基准，就是依据量子物理学的基本原理，通过某一宏观量子现象或基本物理常数，来保存和复现基本计量单位的量值。量子基准最大的特点是，由其保持的单位量值与物体的形状、体积、质量等宏观参数并无直接关系，这样就从构建基础上消除了因多种宏观参数的不稳定而引起的量值改变，从而提高了基本单位保存和复现的稳定性及准确性。而且，量子基准是一种可在任何时间和地点重复建立物理实验装置，不存在由于事故毁伤而造成单位量值中断的问题。因此，用量子基准来保存和复现计量的基本单位，对于准确、连续地保持计量基准量值具有重要的价值。在已建立的量子基准中，最成功的一个例子是铯原子钟，由其保存并复现的 SI 基本单位秒的准确性已至少达到 10^{-16} 量级，以此为基础发展而成的全球定位系统（global positioning system，GPS）高度准确，在军事、导航、勘测等领域得到了广泛的应用[14-16]。再例如，电学计量领域最重要的两个量子基准即约瑟夫森电压量子基准[17,18]和量子化霍尔电阻基准[19,20]的成功应用，使得电学计量的准确性比原来的实物基准（标准电池和标准电阻）至少提高了两个数量级。鉴于此，为 SI 基本单位千克研制出一种高稳定性和高准确性的量子基准，对于保持千克以及与之相关的 SI 基本单位量值的连续性和准确性具有十分重要的学术价值和实用意义。

由于可直接用于实现质量量子基准的宏观量子现象至今仍未被发现，目前国际计量界对重新定义质量单位千克的普遍看法是，设法将其溯源到基本物理常数上[21,22]。为此，国际计量委员会（International Committee for Weights and Measures，CIPM）起草了关于采用基本物理常数定义基本 SI 单位的新 SI 单位制框架（如图 1.1 中的外圈所示）草案。该草案指出，“在新 SI 单位制框架中，仍采用千克、米、秒、安培、摩尔、开尔文和坎德拉作为 SI 基本单位；其中，千克、开尔文、安培和摩尔将分别采用精确的普朗克常数 h、玻尔兹曼常数 k、电子电荷量 e 和阿伏伽德罗常数 N_{A} 重新定义；米、秒和坎德拉已经在现行 SI 单位制中实现了基于基本物理常数的定义，可在此基础上对其定义稍作修改即可；新的 SI 单位制将会提高 SI 基本单位的计量准确性，但不会改变 SI 基本单位的量值，因此，仍适用于现有的测量体系”[23]。

在 CIPM 提出的草案中，质量单位千克将采用普朗克常数 h 重新定义[24]，其新定义被拟定为“The kilogram, kg, is the unit of mass; its magnitude is set by fixing the numerical value of the Planck constant to be equal to exactly $6.62606X \times 10^{-34}$ when it is expressed in the unit $\mathrm{s^{-1} \cdot m^2 \cdot kg}$, which is equal to J·s”。其中，X 为普朗克常数的尾数值（待定），将由国际科学数据委员会（Committee on Data for Science and Technology，CODATA）根据各个国家测量研究机构所提供的相关实验测量结果加权后计算确定。

采用上述 CIPM 推荐的千克新定义后，质量溯源体系（如图 1.3 所示）将会发生重大变化：①实物砝码仍作为各个国家的质量基准，但其量值不再由国际千克原器唯一确定，而是由一定数量的实物砝码组共同确定；②实物砝码组的量值均通过用以联系实物砝码和普朗克常数的试验装置测定，并最终溯源到普朗克常数；③普朗克常数将会取代千克原器绝对量值不变的地位，成为质量溯源的最高基准。由于基本物理常数具有普适性，采用普朗克常数定义质量单位千克后，千克的量值就成为了一个不再随时间、空间等条件变化的确定量值，这是过去采用千克原器作定义所不可能做到的。在此前提下，各国的国家级计量机构再要去做的事情就是：要把自己的专用于实物砝码向普朗克常数溯源的装置做得尽可能准确，并通过可能的技术手段使其具有很好的量值稳定性。另外，应注意到用以准确复现千克量值的实验装置一旦建立，便可实现从国家实物基准到该量值复现装置的直接溯源（如图 1.3 所示）。例如，我国建立了高准确度的能量天平或摆动周期法千克量值复现装置，那么，我国的实物千克国家基准就可直接用所建立的复现装置进行溯源，可大大简化溯源过程，对保证国家实物千克基准的准确性具有重要意义。

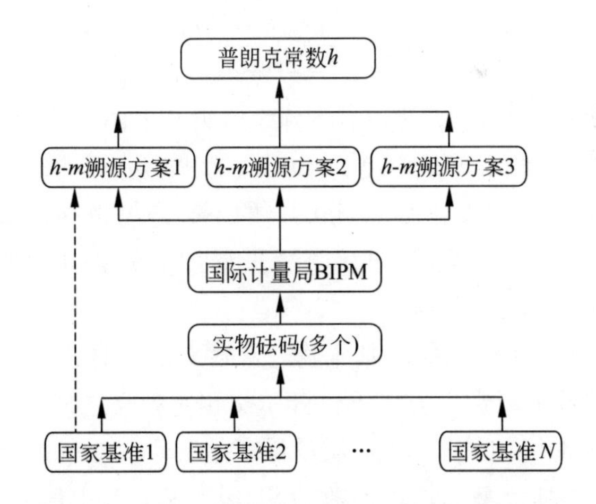

图 1.3　新 SI 单位体制下质量单位溯源结构图

从 CIPM 草案可以看出，实现质量量子基准的关键在于准确测量普朗克常数 h 的量值。而普朗克常数 h 和电子电荷量 e 以及阿伏伽德罗常数 N_{A} 之间存在紧密联系，即电子电荷量 e 和阿伏加德罗常数 N_{A} 可由普朗克常数 h 的量值直接计算得到。因此，准确测定普朗克常数的量值，除了能实现质量单位千克的新定义，还将对电流单位安培和物质的量的单位摩尔的重新定义产生重要影响。

根据量子力学中精细结构常数的定义[25]，普朗克常数 h 与电子电荷

量 e 之间满足关系

$$e = \sqrt{\frac{2\alpha h}{\mu_0 c_0}} \tag{1.1}$$

其中，α 为精细结构常数，其测量相对不确定度为 3.2×10^{-10}；μ_0 为真空磁导率（常数）；c_0 为真空光速（常数）。根据 CODATA 于 2010 年发布的最新评估报告（基本物理常数领域最权威的报告，每 4 年更新一次，2010 年以后还未发布更新的），普朗克常数 h 的相对不确定度为 4.4×10^{-8}[26]。计算可知，电子电荷量 e 的 99.9% 的不确定度来源于普朗克常数的不确定度分量，即电子电荷量 e 的相对不确定度约为普朗克常数 h 相对不确定度的一半，$u_{\mathrm{r}}(e) = u_{\mathrm{r}}(h)/2$。因此，准确测量普朗克常数 h，就可以同步提高电子电荷量 e 的测量准确性。类似地，普朗克常数 h 与阿伏伽德罗常数 N_{A} 之间也存在着严格的物理联系，具体表征为

$$N_{\mathrm{A}} = \frac{c_0 A_{\mathrm{r}}(e)\alpha^2 M_{\mathrm{u}}}{2R_\infty h} \tag{1.2}$$

其中，R_∞ 为里德伯常数，其相对不确定度为 5×10^{-12}；$A_{\mathrm{r}}(e)$ 为电子的相对原子质量，其相对不确定度为 4.0×10^{-10}；M_{u} 为摩尔质量常数（无不确定度）。阿伏伽德罗常数 N_{A}99.9% 的不确定度也同样来源于普朗克常数的不确定度分量。因此，准确测量普朗克常数 h，也可同步提高阿伏伽德罗常数 N_{A} 的测量准确性。

综上所述，在 4 个需要由基本物理常数来定义的 SI 基本单位中，除用玻尔兹曼常数重新定义温度单位开尔文相对独立之外，其他 3 个均与普朗克常数 h 密切相关。因此，质量量子基准研究即普朗克常数精确测量研究，是实现基于基本物理常数的 SI 新定义研究中最为关键的内容。根据国际计量局质量及相关量咨询委员会（Consultative Committee for Mass and Related Quantities，CCM）推荐，质量单位千克若用 h 定义，必须要达到如下 3 个条件[27]：

（1）至少有三个独立实验的测量不确定度达到 5×10^{-8}；

（2）至少一个实验的测量不确定度达到 2×10^{-8}；

（3）所有实验的结果应落在 95% 的置信区间内。

为了尽早达到上述目标，国际计量委员会 CIPM 号召世界上有实力的国家级计量院或科研机构积极参与质量量子基准研究，并且特别重视

新的研究方案和采用不同研究方案得到的测量结果。本论文提出的摆动周期法，属于一种全新的质量量子基准研究方案，若能采用该方案精确测定普朗克常数的量值，将会对实现质量量子基准乃至实现全新的基于基本物理常数定义的新 SI 单位制做出重要贡献。但是也应该清醒地意识到，这是一个非常具有挑战性的研究课题，英、美等国已探索了将近 40 年，但仍未取得突破性进展。值得一提的是，2012 年著名的学术期刊 *Nature* 杂志，将质量量子基准研究界定为目前国际科学界的第六大难题[28]，其难度由此可见一斑。

1.1.2　质量量子基准研究是建立精密基本物理常数新体系的需要

由于多个基本物理常数之间存在一定的相关性，以基本物理常数为基础的 SI 新定义框架的确立，将会导致基本物理常数体系的重要变化，这种变化主要体现在其测量相对不确定度的改变[29]。表 1.1 归纳了现行 SI 单位制和新 SI 单位制下一些重要基本物理常数的相对不确定度的变化情况[26]。

表 1.1　现行 SI 单位制和新 SI 单位制下基本物理常数的不确定度

常数名称	常数符号	现 SI 单位制（10^{-8}）	新 SI 单位制（10^{-8}）
普朗克常数	h	4.4	0
电子电荷量	e	2.2	0
玻尔兹曼常数	k	91	0
阿伏伽德罗常数	N_{A}	4.4	0
摩尔气体常数	R	91	0
法拉第常数	F	2.2	0
斯忒藩-玻尔兹曼常数	σ	360	0
电子静止质量	m_e	4.4	0.07
μ 子静止质量	m_μ	4.4	0.07
玻尔磁子常数	μ_{B}	2.2	0.07
核磁子常数	μ_{N}	2.2	0.07
^{12}C 原子质量	$m(^{12}\mathrm{C})$	4.4	0.07
^{12}C 摩尔质量	$M(^{12}\mathrm{C})$	4.4	0.07
约瑟夫森常数	K_{J}	2.2	0

续表

常数名称	常数符号	现 SI 单位制（10^{-8}）	新 SI 单位制（10^{-8}）
冯克里青常数	R_{K}	0.032	0
真空磁导率	μ_0	0	0.032
真空电容率	ε_0	0	0.032
真空特征阻抗	Z_0	0	0.032
焦耳-米倒数关系	$\mathrm{J}\leftrightarrow\mathrm{m}^{-1}$	4.4	0
焦耳-赫兹关系	$\mathrm{J}\leftrightarrow\mathrm{Hz}$	4.4	0
焦耳-开尔文关系	$\mathrm{J}\leftrightarrow\mathrm{K}$	91	0
焦耳-电子伏关系	$\mathrm{J}\leftrightarrow\mathrm{eV}$	2.2	0

采用新 SI 单位制后，基本物理常数的变化可以按如下 3 种情况进行讨论：①用于实现新 SI 基本单位定义的基本物理常数，被记为 A 类，包括普朗克常数 h、玻尔兹曼常数 k、阿伏伽德罗常数 N_{A}、电子电荷量 e；②全部由 A 类基本物理常数推导出的物理常数，被记为 B 类，例如冯克里青常数 $R_{\mathrm{K}}=h/e^2$，约瑟夫森常数 $K_{\mathrm{J}}=2e/h$ 等；③部分由 A 类基本物理常数推导出的基本物理常数，被记为 C 类，例如电子静止质量 $m_e=2R_\infty h/(c_0\alpha^2)$ 等。

从表 1.1 可以看出，采用新 SI 单位制后，A 类和 B 类基本物理常数都将变为无不确定度的物理常数。而在 C 类基本物理常数中，除真空磁导率 μ_0、真空电容率 ε_0 以及全部由这两者导出的基本物理常数（例如真空特征阻抗 Z_0）的不确定度将略有增加外，其他基本物理常数的不确定度都相应变小。因此，从总体上看，采用新 SI 单位制后，基本物理常数体系将更加精密和完善。

在建立上述精密基本物理常数体系的过程中，普朗克常数 h 的准确测量将发挥至关重要的作用。根据 CODATA 于 2010 年发布的最新报告，有 5 个其他的基本物理常数即电子电荷量 e、电子质量 m_e、阿伏伽德罗常数 N_{A}、玻尔磁子常数 μ_{B} 以及核磁子常数 μ_{N} 的准确性与 h 直接相关，它们之间的关系如图 1.4 所示。

在评估如图 1.4 所示 5 个与 h 相关的基本物理常数的不确定度时，普朗克常数的不确定度所占的比重均在 90% 以上[26]。而质量量子基准的实现，可以使这 5 个基本物理常数的不确定度比过去低两个数量级。

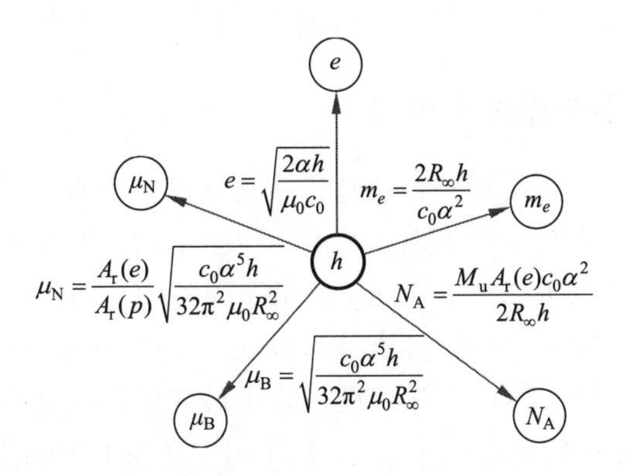

图 1.4　普朗克常数与其他 5 个基本物理常数之间的关系

1.2　质量量子基准研究现状

1.2.1　质量量子基准研究方法概述

目前，世界上已有的质量量子基准研究方案主要分为两种：一是通过电学量子基准（量子霍尔电阻基准、约瑟夫森电压基准）准确测定普朗克常数 h 的"电天平方案"[30-34]；二是测量提纯的单晶硅 (^{28}Si) 球的原子个数，进而测定阿伏伽德罗常数 N_A 的"硅球方案"[35-37]。以电天平方案准确测量普朗克常数，又有比较多的具体实现方案，例如早期的电流天平方案[38-40]、电压天平方案[41-43]，现在正被广泛研究的功率天平方案[44]，以及我国的能量天平方案[45]。这些具体实现方案之间可以相互比对，互为佐证，但试验装置和测量过程均比较复杂。硅球方案的物理意义非常直观，但"硅球"的复现性值得怀疑，如果不能很好地复现，那么它与目前的质量实物基准并无本质区别。

实际上，电天平方案与硅球方案也是存在密切联系的，这是因为，普朗克常数 h 和阿伏伽德罗常数 N_A 的乘积满足如下关系式：

$$N_A h=\frac{c_0 A_r(e)\alpha^2 M_u}{2R_\infty} \tag{1.3}$$

根据 2010 年 CODATA 发表的最新报告，$N_A h$ 的不确定度为 7.0×10^{-10}[26]。因此，理论上讲，无论采用硅球方案测量 N_A，还是通过电天平方案测量

h，这两种方案均可以作为独立的质量量子基准研究方案并相互佐证。

1.2.2 电天平法原理及进展

1990 年以前，电学单位主要依靠实物基准来保存和复现。例如用标准电池和标准电阻分别作为电压基准和电阻基准。20 世纪 60 年代到 80 年代，英国科学家 B. D. Josephson 和德国科学家 K. V. Klitzing 相继发现了约瑟夫森效应[46] 和量子霍尔效应[47]，并分别荣获了 1973 年和 1985 年诺贝尔物理学奖。利用这两种量子效应研制成功的约瑟夫森电压基准和量子霍尔电阻基准，极大地提高了电学计量的准确性[48]。因此，经 1988 年第 77 届国际计量委员会会议决议[49]，从 1990 年 1 月 1 日起，国际计量局在世界范围内正式启用约瑟夫森电压基准和量子霍尔电阻基准，用以取代原来的实物电压基准（标准电池）和实物电阻基准（标准电阻）。为保证这两个量子计量基准在世界范围内的统一性，决议还将约瑟夫森常数 K_{J} 和冯克里青常数 R_{K} 约定成为两个无不确定度的常数，即 $K_{\mathrm{J\text{-}90}}$ 和 $R_{\mathrm{K\text{-}90}}$，其值分别为

$$K_{\mathrm{J\text{-}90}} = 483597.9\mathrm{GHz/V}, \quad R_{\mathrm{K\text{-}90}} = 25812.807\Omega \tag{1.4}$$

以 $K_{\mathrm{J\text{-}90}}$ 和 $R_{\mathrm{K\text{-}90}}$ 为基础的电学单位体系，是一个独立的计量单位体系，称为“1990 电学单位体系”。由于约定常数 $K_{\mathrm{J\text{-}90}}$、$R_{\mathrm{K\text{-}90}}$ 分别与 K_{J}、R_{K} 的绝对量值都相差约为 10^{-8} 量级，因此 1990 电学单位与 SI 单位之间存在一个小的偏差。电天平法质量量子基准研究的主要任务，就是要测定 1990 电学单位体系与 SI 单位制之间的差值。若将此差值归一化为比例 γ 的形式，则可表示为

$$\gamma = \frac{\{\Psi\}_{90}}{\{\Psi\}_{\mathrm{SI}}} \tag{1.5}$$

其中，Ψ 为具体的单位，例如 Ψ 为牛顿（N），则对应于电流天平方案和电压天平方案；若 Ψ 为瓦特（W），则对应功率天平方案；而若 Ψ 为焦耳（J），则对应能量天平方案。γ 是反映电学 1990 量值与 SI 量值（绝对量值）之间联系的量度，理论上，无论 Ψ 具体是什么单位，只要能够通过试验准确地测出 1990 电学值与 SI 值的比值，均可求解出 γ 的值。

根据量子力学的基本原理，约瑟夫森常数 K_{J} 可表示为 $K_{\mathrm{J}}=h/(2e)$，冯克里青常数 R_{K} 可表示为 $R_{\mathrm{K}}=h/e^2$，消去电子电荷量 e，则普朗克常数可被直接推导出来，即 $h=4/(K_{\mathrm{J}}^2R_{\mathrm{K}})$。同理，由 1990 年约定的约瑟夫森常数 $K_{\mathrm{J\text{-}90}}$ 和冯克里青常数 $R_{\mathrm{K\text{-}90}}$，也可导出用 1990 电学单位表示的普朗克常数 h_{90} 值，且 h_{90} 也是一个没有不确定度的常数。h_{90} 与普朗克常数 h（SI 值）之间满足如下关系：

$$h_{90}=\frac{4}{K_{\mathrm{J\text{-}90}}^2R_{\mathrm{K\text{-}90}}}=h\gamma\equiv 6.626068854\cdots\times 10^{-34}\mathrm{Js} \tag{1.6}$$

如果 γ 的测量不确定度能达到国际计量委员会推荐要求的 10^{-8} 量级，普朗克常数 h 就可以被准确地计算出来，并在测量准确性足够好（满足质量及相关量咨询委员会 CCM 要求的 3 个条件）的前提下可被定义为一个无不确定度的常数；进而可将其用于重新定义质量的单位千克。

电流天平方案（ampere balance，AB）是最早的电天平方案模型，其被提出可以追溯到 19 世纪。电流天平最初是为了准确复现 SI 基本单位安培的绝对量值而设计的[38–40]。但随着电学量子计量体系的建立，电流天平也可以反过来用于推出 1990-SI 电学单位体系的比例 γ。如图 1.5 所示，电流天平利用两个载流线圈产生的磁力与砝码的重力相等，得到如下平衡方程，即

$$mg=\frac{\partial M(z)}{\partial z}I_1I_2 \tag{1.7}$$

其中，m 为测试砝码质量；g 为重力加速度；$M(z)$ 为两载流线圈的互感值（直流量值）；z 为竖直坐标；I_1 和 I_2 分别代表两载流线圈中的电流值。

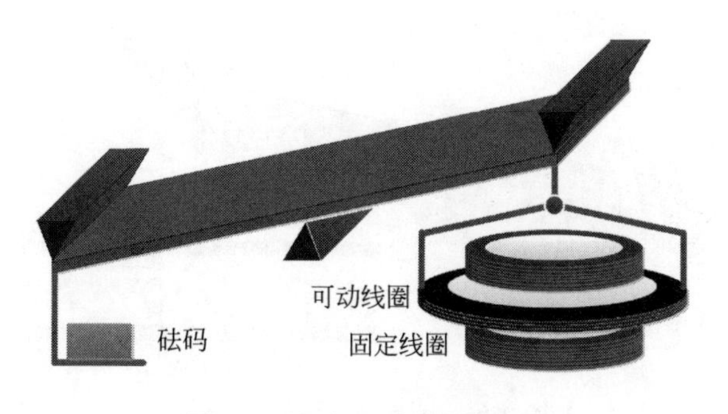

图 1.5　电流天平方案原理图

电流天平的原理简单，实施测量时，只需测量一个点的力就能求解出 γ。但是，式 (1.7) 中的几何因子 $\partial M(z)/\partial z$ 不能通过电学测量的方法准确测定，而只能通过测量线圈的几何尺寸，然后根据电磁场原理计算得到。如此，电流天平方案的准确性受限于对几何因子的测量，而通过测量线圈几何尺寸的方法达到的最小相对不确定度指标仅为 1×10^{-5}[39]，并且难以进一步提高。虽然电流天平方案的测量结果不尽理想，但它是后来提出的功率天平方案和能量天平方案的原始模型。

20 世纪 80 年代至 90 年代，以联邦德国物理技术研究院（Physikalisch-Technische Bundesanstalt，PTB）为代表[50–52]，包括南斯拉夫 Zagreb 大学[42,43] 以及澳大利亚科学与工业研究组织（Commonwealth Scientific and Industrial Research Organisation，CSIRO）[53] 等多个计量实验室，发展出了另外一种与电流天平方案相对应的所谓电压天平方案（voltage balance，VB）。该方案最初是为了准确复现电压单位伏特的 SI 值而设计的。图 1.6 为电压天平的测量原理图。与电流天平的磁力与重力进行平衡相比，电压天平是利用静电力与砝码重力去平衡，即

$$mg=\frac{1}{2}U^2\frac{\partial C(z)}{\partial z} \tag{1.8}$$

其中，$C(z)$ 为电容器的电容值；U 为加在电容器上的电压值。与电流天平由 $K_\mathrm{J}^2R_\mathrm{K}$ 推导出普朗克常数不同，电压天平方案是通过准确测量约瑟夫森常数 K_J 和精细结构常数 α 来推导出普朗克常数 h 的，其推导公式为

$$h_{90}=\frac{8\alpha}{\mu_0c_0K_{\mathrm{J}\text{-}90}^2}=h\gamma \tag{1.9}$$

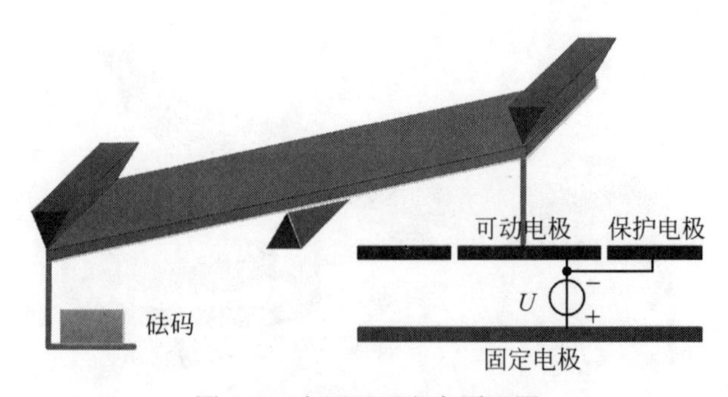

图 1.6　电压天平方案原理图

电压天平虽然原理简单，测量过程简捷，电容量值可以通过变压器电桥达到较高的测量准确性，但它存在一个较大的缺点，即为产生千克量级的静电力需要很高的直流电压。例如，为产生 1kg 的静电力，就要使用 100kV 的直流电压[43]。而直流电压源中高压电阻分压器的电压效应和负载效应，会限制电压天平方案的准确性[54,55]。电压天平方案最好测量结果的准确性约为 10^{-7} 量级[41]。

1976 年，英国国家物理研究所（National Physical Laboratory，NPL）的 B. P. Kibble 博士提出了功率天平方案（watt balance，WB）[44]。如图 1.7 所示，功率天平方案包含两个测量过程：称力模式和速度模式。在称力模式下，放置在轴向辐射磁场 B 中的线圈中通以直流电流 I，线圈在磁场中受到的磁力与砝码的重力相平衡，即

$$mg = I\int(B \times dl)_z \tag{1.10}$$

而在速度模式下，可动线圈开路，并以速度 v 在磁场中沿竖直方向运

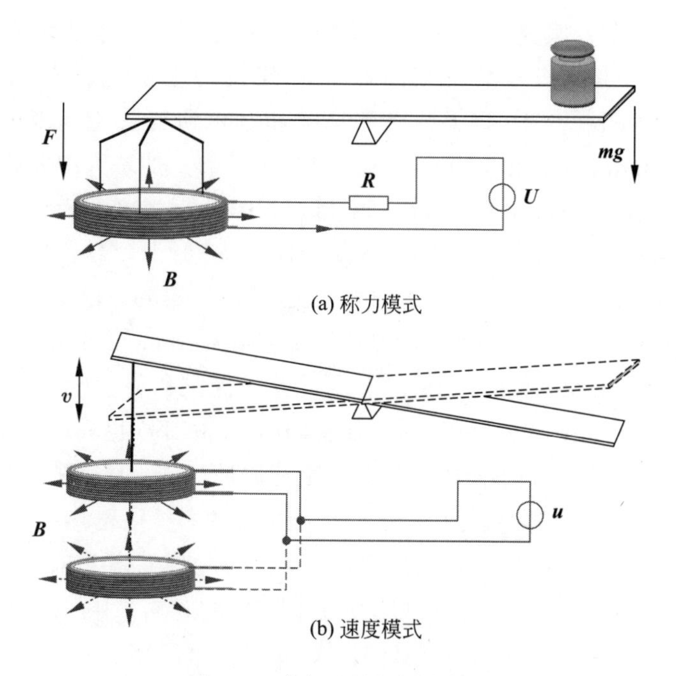

(a) 称力模式

(b) 速度模式

图 1.7　功率天平方案原理图

动，线圈中产生的感应电动势 u 可表示为

$$u = v\int(B \times dl)_z \tag{1.11}$$

联立式（1.10）和式（1.11）两种测量模式，消去几何因子 $\int(B \times dl)_z$，可得到机械功率与电功率的平衡方程，从而得到电学功率与机械（绝对）功率的比值，即

$$\gamma = \frac{\{uI\}_{90}}{\{mgv\}_{\mathrm{SI}}} \tag{1.12}$$

功率天平方案通过引入一个速度模式消去几何因子 $\int(B \times dl)_z$，从而避免了电流天平方案中几何因子难以测量的缺陷，有效提高了普朗克常数测量的准确性。但该方案也存在两个主要的缺点：①速度模式下，可动线圈难免存在水平晃动，会引起附加感应电动势，影响感应电压测量的准确性；②两种测量模式属于不同时测量，特别是在使用永磁体时，其较大的温度系数（$-4 \times 10^{-4}/°\mathrm{C}$）和软磁材料的非线性效应，均会使得不同测量模式下磁场 B 产生漂移，也会对测量结果的准确性产生不良影响。

功率天平方案是目前世界上最主流的质量量子基准研究方案之一，国际上进行该方案研究的计量研究机构主要包括英国国家物理研究所 NPL[57,58,118]、美国国家标准和技术研究院（National Institute of Standards and Technology，NIST）[59–62]、加拿大国家研究委员会（National Research Council Canada，NRC）[63,64]、瑞士计量认证研究所（Federal Institute of Metrology，METAS）[65–67]、法国国家计量研究院（Laboratoire National de Métrologie et d'Essais，LNE）[68–71]、国际计量局 BIPM[72–74]、新西兰国家计量院（Measurement Standards Laboratory of New Zealand，MSL）[75,76]，韩国标准和科学研究院（Korea Research Institute of Standards and Science，KRISS）也表示将开展功率天平方案的研究[77]。不同国家的方案虽然原理相同，但却采用不同的具体设计，以避免、消除或尽可能削弱可能出现的系统误差。例如，美国的 NIST-3 功率天平用超导线圈提供磁场，瑞士的 METAS-1 采用紧凑型设计，法国的 LNE 使用磁感应强度高达 1T 的永磁体，国际计量局 BIPM 采用称力和速度两模式同时测量的方案，新西兰的 MSL 采用摆动式速度模式提高测量电压与速度比值的信噪比，等。

到目前为止，国际上已发表以功率天平法测量普朗克常数结果的计量研究机构包括英国 NPL [57,58]、美国 NIST [59–62]、瑞士 METAS [66]、加拿大 NRC [63,64] 和法国 LNE [70]。其中，不确定度最小的测量结果是 NRC 在 2014 年发表的，具体的不确定度数值为 1.9×10^{-8}[64]。但不同国家测量普朗克常数的结果之间仍存在 10^{-7} 量级的偏差，造成偏差（系统误差）的原因至今仍在寻找之中。而国际计量局 BIPM、新西兰 MSL 以及韩国 KRISS 的功率天平装置仍在调试之中，均未能提供测量结果。

2006年，中国计量科学研究院（National Institute of Metrology,NIM）张钟华院士领衔的课题组，提出了一种基于直流互感精密测量的“能量天平方案（joule balance，JB）”，旨在更准确地测量普朗克常数 [78]（如图 1.8 所示）。在原理上，能量天平方案是电流天平基本方程沿竖直方向从 z_1 到 z_2 积分的结果，即

$$mg(z_2 - z_1) = [M(z_2) - M(z_1)]I_1 I_2 + \int_{z_1}^{z_2} \Delta f(z)\mathrm{d}z \tag{1.13}$$

式（1.13）中，$\Delta f(z)$ 为天平在区间 $[z_1, z_2]$ 上不同位置砝码重力与电磁力的差值。合理的磁场系统设计，可使 $\Delta f(z)$ 在区间 $[z_1, z_2]$ 的积分值为零。与功率天平方案相比，能量天平方案用互感量测量 $M(z_2) - M(z_1)$ 和位移测量 $z_2 - z_1$ 代替了功率天平方案中的电压测量和速度测量，且所有测量均在静态下实现，避免了功率天平在速度模式下线圈晃动带来的测量困难。但能量天平方案面临的一个基本难题是：需要准确地测量可动线圈在不同位置时，其与固定线圈之间的直流互感值。为了解决这个难题，张钟华院士所在课题组发展出两种不同的直流互感测量方法 ——“低频外推法”[79] 和“标准方波补偿法”[80]，以更准确地测量直流互感值。目前，

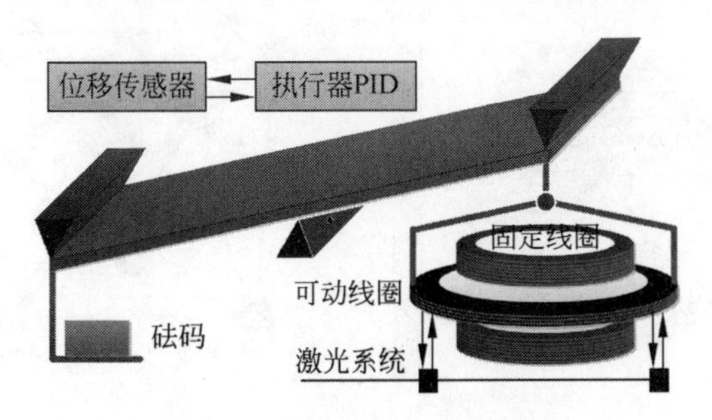

图 1.8　能量天平方案原理图

以上两种方法测量互感的不确定度均在 10^{-7} 量级，且两者之间的系统偏差优于 1×10^{-6}[81]。

现在，能量天平的原理验证试验已经完成，利用现有能量天平装置初步测量出的普朗克常数的不确定度为 2.6×10^{-6}[82]。现阶段，能量天平方案研究中遇到最大的困难为线圈系统在称力模式下存在的发热问题。相关的为减小能量天平方案测量不确定度的研究和新一代能量天平系统的设计，均正在进行当中。

1.2.3　硅球方案原理及进展

硅球方案开始于 2004 年，方案的主要目标是精确测量阿伏伽德罗常数 N_A[83]。由于 $N_A h$ 可以准确测定，而根据式 (1.3) 可推导出普朗克常数 h 的值，因此硅球方案也已成为精密测量普朗克常数，进而实现质量量子基准的主要研究方案之一。

硅球方案的基本原理是测量高纯度的单晶 ^{28}Si 球中的硅原子个数。如图 1.9 所示，^{28}Si 球的单个晶格中有 8 个硅原子，若硅球的密度为 ρ，摩尔质量为 $M(^{28}\text{Si})$，单个晶格的边长为 a，则阿伏伽德罗常数 N_A 可表示为

$$N_{\text{A}} = \frac{8M(^{28}\text{Si})}{\rho a^3} \tag{1.14}$$

其中，摩尔质量 $M(^{28}\text{Si})$ 通过同位素稀释质谱法和多集电极耦合等离子体质谱法可准确测定[84]；硅球的同位素组成、质量、体积、密度及晶格参数，则可通过对硅球表面原子量级的化学和物理方法测量确定[85,86]；而

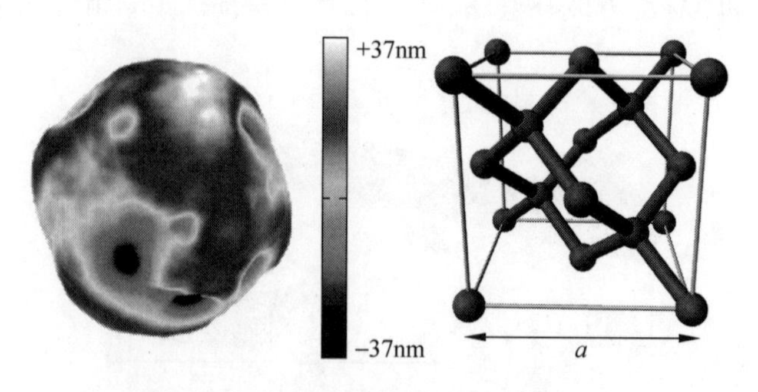

图 1.9　硅球直径云图及 ^{28}Si 的晶格结构

杂质的浓度和梯度，能以红外光谱法进行修正[37]。

国际上参与硅球方案研究的计量机构包括：国际计量局 BIPM、意大利国家计量院（Istituto Nazionale di Ricerca Metrologica，INRIM）、比利时标准材料测量研究所（Institute for Reference Material and Measurement，IRMM）、美国 NIST、澳大利亚国家测量研究院（National Measurement Institute，NMIA）、日本国家计量院（National Metrology Institute of Japan，Advanced Industrial Science and Technology，NMIJ/AIST）、英国 NPL 和德国 PTB。由于硅球的制作工艺非常复杂、成本昂贵，目前世界上测量可用的硅球仅有两颗，为 2007 年由德国和澳大利亚科学家共同制作。受测量可用硅球数量太少的影响，硅球方案的研究和实施只能依靠国际合作，即国际上参与该方案的不同研究机构只负责其中一项或几项子任务的研究。这种研究方式以及硅球中可能存在的同位素、气体、表面氧化物等，都极大地增加了测量中出现系统误差的可能性[87,88]。最新发表的以硅球方案测量阿伏伽德罗常数的相对不确定度为 2.0×10^{-8}[89]。

1.2.4　两种方案测量的结果及存在的问题

图 1.10 列出了近 20 年来应用电天平方案和硅球方案测量得到的普朗克常数结果[26,62,64,90]。其中，wb 代表功率天平测量得到的结果，而 ^{28}Si 表示硅球方案的测量结果（推导至普朗克常数值）。

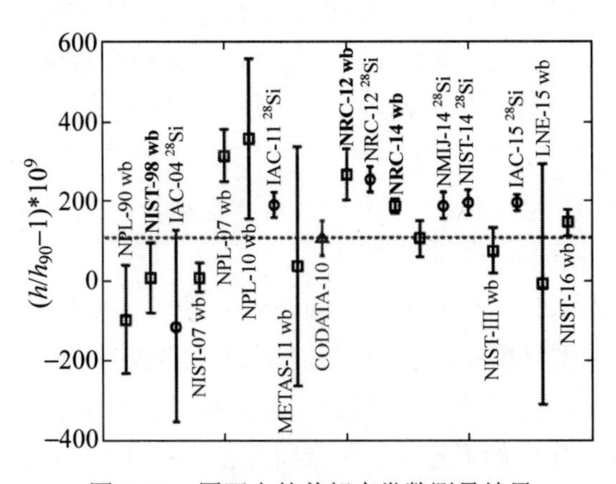

图 1.10　国际上的普朗克常数测量结果

从图 1.10 中不难看出：①不同国家计量院的功率天平方案测量所得的结果之间存在 10^{-7} 量级的偏差；②功率天平方案与硅球方案的测量结果之间也存在 10^{-7} 量级的偏差。显然，目前普朗克常数测量结果的准确性，仍未达到国际计量委员会要求的用普朗克常数重新定义质量单位千克的 3 个条件，应该继续研究、探索能进一步减小测量不确定度的方法，并设法找到造成偏差的原因。同时，国际计量委员会也号召更多有能力的国家参与此项研究，以进一步提高普朗克常数的测量准确性。

1.3　本论文主要研究内容

基于前述可见，质量量子基准研究的意义重大，但同时，该项研究也是一个极具挑战性的世界难题。作为世界和亚太地区计量基准传递的关键国家，我国必须参与质量量子基准研究，并建立起独立的质量量子基准装置，否则我国的质量和力学溯源体系将面临没有源头的尴尬局面。因此，从 2006 年开始，在国家科技部重大专项资金的支持下，我国正式参与到质量量子基准的研究行列，并提出了一种能量天平法质量量子基准研究方案。能量天平方案虽然实现了全静态测量，避免了由功率天平方案中动态测量所引入的较大不确定性，但其基本原理与功率天平方案并无本质区别，因此国际上一般也将能量天平方案和功率天平方案作为同一类研究方案看待。但是，根据国际计量局质量及相关量咨询委员会 CCM 的要求，要实现质量量子基准，必须至少要有 3 个独立的实验方案实现对普朗克常数的精密测量。而目前，世界上正在进行的质量量子基准研究方案仅有两个，即功率天平方案和硅球方案，这显然还未满足实现质量量子基准的基本条件。因此，寻找一种完全不同于功率天平方案和硅球方案、可实现对普朗克常数或阿伏伽德罗常数精密测量的质量量子基准研究新方案，具有十分重要的学术意义。

应该注意到，目前世界上已有的两个方案都是基于引力质量的测量。而在物理学中，惯性质量比引力质量具有更加普遍的物理意义。因此，本博士学位论文的主要任务就是要通过理论探索和试验验证，希望找到一种基于测量惯性质量的质量量子基准研究方案。如此，使其既能独立地测量普朗克常数，为国际计量局质量及相关量委员会 CCM 要求的第三种质量量子基准研究提供支持，也能从物理上验证惯性质量与引力质量的相等性。

对惯性质量的测量并不是一个全新的命题。例如，利用经典的振动理论也可实现对振子惯性质量 m 的测量，表征相关物理现象的数学模型为

$$m = \frac{T^2 k}{4\pi^2} \tag{1.15}$$

一般地，摆动周期 T 比较容易测准，但弹性系数 k 却难以准确测量。在国际上，意大利 INRIM 曾在 2008 年提出一种电磁摆，以用于测量惯性质量[91]。但该方法未考虑摆自身恢复力导致的周期变化，而摆的自恢复力与摆的质心有关，是不可能精确测量的。故该方案仅是在思路上进行的一种探索。

另外，2013 年 1 月 S. Lan 博士等人在 *Science* 杂志发表了直接测量 ^{133}Cs 原子惯性质量的文章[92]。他们发现，通过准确测量 ^{133}Cs 原子振动的康普顿频率 ω，可直接确定微观粒子的惯性质量，即

$$m = \frac{\omega h}{2\pi c_0^2} \tag{1.16}$$

该研究测量得到的 ^{133}Cs 原子惯性质量的相对不确定度为 4×10^{-9}，可作为硅球方案的检验手段。但是，建立质量量子基准必须要将微观量子效应与宏观质量相联系，或直接实现宏观量子效应。该文章虽然提供了一种准确测量微观粒子惯性质量的方法，但仅局限在微观领域，并未与宏观质量相联系，故不能直接用于实现宏观惯性质量的测量。

综上所述，在国际上，还尚未提出可行的精密测量宏观物体惯性质量的研究方案。若建立辅有试验验证的测量惯性质量的质量量子研究方案，则可填补这一空白。而且，最重要的是，基于惯性质量测量的质量量子基准研究方案，在物理意义和实现方法上可完全独立于已有的引力质量测量方案，可为国际上最终确定普朗克常数的值和实现质量量子基准提供支持。

经过反复的研究和理论分析，本论文提出一种“摆动周期法”的惯性质量量子基准研究方案。该方案通过测量一架摆动天平在加不同砝码和不同电容器极板电压条件下其摆动周期的变化，建立电学单位与 SI 单位

之间的联系，进而推导出惯性质量量值和普朗克常数值。本论文提出的摆动周期法是一种完全原创的质量量子基准研究方案，为质量量子基准的建立提供了一种全新的解决思路。本学位论文的主要工作，就是建立摆动周期法的基本理论框架，搭建一套初步的试验装置，以验证摆动周期法的基本原理，试验研究分析其可能存在的问题，并提出可能的解决方案。现将本论文的主要内容简要介绍如下。

第 1 章，首先介绍国际单位制 SI 面临重大改革的背景，总结建立质量量子基准的重要意义。然后，全面梳理和归纳质量量子基准研究的历史、现状、存在的问题。基于此，选定确立本博士学位论文应研究的科学问题为：寻找、分析并验证可能的基于惯性质量精密测量的质量量子基准研究方案。

第 2 章，从建立质量-周期-电学量联系的角度出发，提出所谓“摆动周期法”的惯性质量测量研究方案。通过动力学分析，建立摆动天平系统的基本微分方程，求取该摆动方程的周期解。提出一种类似于功率天平的“替代法”，即通过测量不同砝码和电容器极板电压下摆动天平系统的摆动周期变化，建立求解普朗克常数的基本理论。利用复变函数理论建立双 Kelvin 电容器的准弹性模型，并分析摆动天平系统在相平面上的运动方程以及非线性特征。

第 3 章，详细介绍用于验证摆动周期法基本理论的关键试验装置的设计、优化和搭建过程，所研制的试验装置或测量系统主要包括传感器系统、负阻尼能量控制系统、双 Kelvin 电容器系统、高精度直流电压源、悬挂电极定位系统、激光测长系统以及自动化测量平台等，给出所研制试验装置或测量系统的性能评估结果。

第 4 章，通过在第 3 章所搭建的试验平台上采集并分析测量获得的试验数据，以得到摆动天平系统的等臂性和灵敏性指标、电容对竖直距离二次导数值及其非线性特征、直流电压测量结果，及不同条件下的摆动周期数值及其非线性特征。在此基础上，求解普朗克常数的值，并对测量所得的普朗克常数进行不确定度评估。

第 5 章，总结本学位论文的主要工作及创新点。针对目前试验装置中存在的问题，提出对未来工作的设想。

第 2 章　摆动周期法的基本原理

2.1　摆动周期法的基本思路

2.1.1　精密测量砝码惯性质量

在本文工作中，提出摆动周期法的第一个出发点是实现对惯性质量的精密测量。在物理学中，引力质量和惯性质量是两个完全不同的概念。引力质量是物体受到万有引力而产生的质量，它的源头是引力场。一般由称重测得的质量均为引力质量。而惯性质量是牛顿第二定律中所定义的质量，它是物体惯性的量度。精密的科学实验结果表明，惯性质量与引力质量之间存在着严格的正比关系[93,94]。只要选择适当的单位制，就可以使得物体的引力质量值等于它的惯性质量值。这就是爱因斯坦广义相对论中著名的等效性原理。最新发表的验证等效性原理的实验结果显示，至少在 10^{-13} 量级内，物体的惯性质量与引力质量总是相等的[94]。等效性原理的高度准确性保证了本论文所研究内容的科学性。

到目前为止，世界上两个最主流的质量量子基准研究方案 —— 电天平方案和硅球方案所测量的质量均是引力质量。如果能够设计出合理的试验实现对惯性质量的精密测量，将为质量量子基准的研究开辟一个全新的方向，也可为最终确定普朗克常数的数值提供更多有用信息。而采用不同的方案对质量量子基准进行研究，正是国际计量局 CIPM-2005 决议所要求的[95]。

测量惯性质量的经典办法是摆动法。而以摆动法测量惯性质量的最主要困难是待测物体的质心难以被准确测量。因此，任何为精密测量惯性质量的设计，都应解决或避开这个难题。而解决砝码质心测量的一个好方法，是通过柔性连接装置将质量与质量的积分量（质心和转动惯量）加以解耦。因此，实现摆动周期法的试验装置采用如图 2.1 所示的一架等臂式摆动天平做主体，左、右臂长分别为 L_1 和 L_2，左、右边刀分别悬挂质量为 m_1 和 m_2 的砝码。计算该天平系统的转动惯量 J 时，可将天平横梁看作一个由 N 个质点组成的系统，每个质点的质量为 $M_i(i=1,2,\cdots,N)$，它们到转动中心（中刀刀口）的距离为 $L_i(i=1,2,\cdots,N)$。若左、右边刀分别对应质点 1 和质点 2，除了质点自身的质量，左、右边刀还始终受到大小为 m_1g、m_2g 竖直向下的重力的作用，故可认为质点 1 和质点 2 的质量分别增加 m_1、m_2。因此，该摆动天平系统的转动惯量 J 可按照下式求解：

$$
\begin{aligned}
J &= (M_1+m_1)L_1^2+(M_2+m_2)L_2^2+\sum_{i=3}^{N}M_iL_i^2 \\
&= \sum_{i=1}^{N}M_iL_i^2+m_1L_1^2+m_2L_2^2 \\
&= J_0+m_1L_1^2+m_2L_2^2
\end{aligned} \tag{2.1}
$$

其中，J_0 为天平横梁的转动惯量。从式（2.1）可以看出，在摆动天平系统转动惯量 J 的表达式中，砝码质量 m_1 和 m_2 均为显式的，即可利用摆动天平边刀实现砝码与横梁转动惯量的解耦。

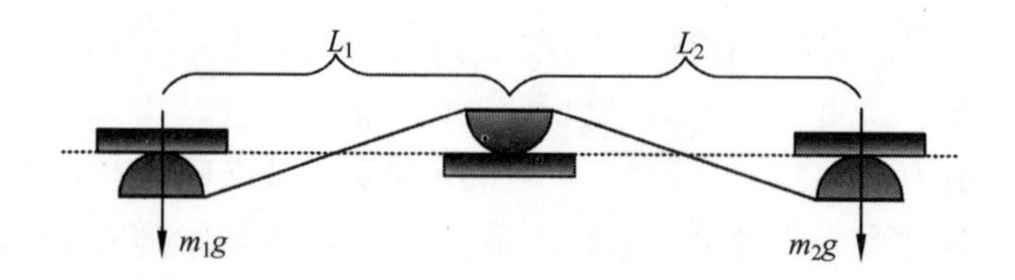

图 2.1　摆动天平的原理结构图

2.1.2　建立质量-时间-电学量的精密联系

电天平方案的难点是建立电学量与绝对量之间的精密联系，而建立两者联系的纽带，可以是某种精密的量值传递装置，或是某个可被准确测量的物理量。而这个能将质量与电学量联系在一起的纽带的精密程度，直接决定着最终测量结果的准确性。例如，功率天平方案中的纽带是一架质量比较器（机械功率和电磁功率的比较和传递机构），其量值传递的不确定度可达 10^{-9} 量级（功率天平测量方案的不确定分量之一）[96]。如此高的测量准确性，才能保证最终测量普朗克常数的不确定度可能达到国际计量局质量及相关量咨询委员会 CCM 要求的 2×10^{-8} 的目标。

由于时间单位秒是目前测量准确度最高的一个 SI 基本单位，因此，联系质量与电学量最理想的一种纽带应该是基于对时间或频率的测量。而摆动周期是一种比较理想的能够与宏观物体的质量相联系的时间或频率测量量。如此，提出摆动周期法的第二个出发点是建立以摆动周期测量为纽带的质量与电学量之间的联系，进而实现对普朗克常数的精密测量。

从式 (2.1) 可知，摆动天平系统的转动惯量 J 是砝码质量 m_1 和 m_2 的显函数。根据转动定理 [97]，天平摆动周期 T 也是砝码质量的显函数，即

$$T=F(m_1,m_2) \tag{2.2}$$

显然，式 (2.2) 就建立了质量与时间之间的函数联系。如果能够通过某种耦合实现天平的摆动周期 T 与电学量之间的函数关系 G，并使得 G 满足

$$T=G(R_{\text{K-90}},K_{\text{J-90}}) \tag{2.3}$$

那么，质量与电学量将通过对摆动周期的测量建立起联系，电学量与绝对量的比值 γ 也可按照下式求解：

$$\gamma=\frac{\Delta G(R_{\text{K-90}},K_{\text{J-90}})}{\Delta F(m_1,m_2)} \tag{2.4}$$

综上所述，实现摆动周期法的一个关键问题是建立电学量与摆动周期之间的函数关系 G。一种简单的方法是通过合理的设计，产生可以准确测量的电磁弹性力，以它改变摆动天平的摆动周期。根据力的性质（磁力或静电力），用以实现改变摆动天平系统周期的电弹性力可有两种实现方案：一是用多线圈互感系统产生弹性磁力 [98]；另一种是用多电极电容器系统产生弹性静电力 [99]。

产生弹性力的多线圈互感系统或多极板电容器系统必须具有对称的结构。若 N 表示系统中线圈或电极的个数，则 N 必须为奇数，且摆动天

平处于平衡位置时，摆动天平系统的几何参数和电学参数也应是关于中心线圈或中心电极对称的。图 2.2 给出了 $N = 3$ 时的互感系统和电容器系统的情形。其中，中心线圈或中心电极为可动部分，其他为固定部分。

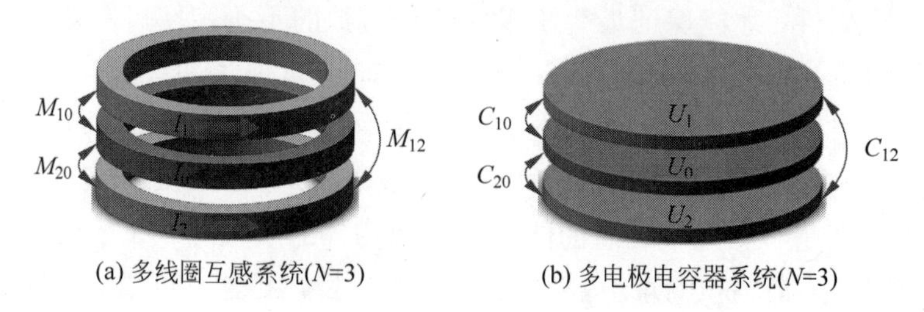

(a) 多线圈互感系统(N=3)　　(b) 多电极电容器系统(N=3)

图 2.2　多线圈互感系统与多电极电容器系统

在图 2.2(a) 中，中心线圈与上、下两线圈的互感分别为 M_{10} 和 M_{20}；上、下两固定线圈的互感为 M_{12}；可动线圈中流经的电流为 I_0，上、下两线圈中的电流为 I_1、I_2。根据上述对称条件，则有 $I_1 = I_2 = I$。该多线圈系统的电磁能量随竖直坐标 z 变化的函数关系 $E_{\mathrm{M}}(z)$ 可表征为

$$E_{\mathrm{M}}(z) = [M_{10}(z) + M_{20}(z)]I_0I + M_{12}I^2 + E_{\mathrm{L}} \tag{2.5}$$

其中，E_{L} 为系统的自感能量。由于 M_{12} 和 E_{L} 并不随竖直坐标 z 发生变化，故该多线圈系统的磁力仅由固定线圈与可动线圈之间的电磁能量的变化产生。根据虚功原理，表征该多线圈互感系统产生的磁力函数为

$$F_{\mathrm{M}}(z) = \frac{\partial[M_{10}(z) + M_{20}(z)]}{\partial z}I_0I \tag{2.6}$$

式（2.6）中的磁力 $F_{\mathrm{M}}(z)$ 可被分为两个分量，即由上线圈与可动线圈互感 $M_{10}(z)$ 产生的磁力分量 $F_{\mathrm{M1}}(z) = I_0I[\partial M_{10}(z)/\partial z]$，以及由下线圈与可动线圈互感 $M_{20}(z)$ 产生的磁力分量 $F_{\mathrm{M2}}(z) = I_0I[\partial M_{20}(z)/\partial z]$。

图 2.3(a) 给出了 $F_{\mathrm{M1}}(z)$ 和 $F_{\mathrm{M2}}(z)$ 随竖直距离 z 变化的曲线。由多线圈互感系统的对称性可知，函数 $M_{10}(z) + M_{20}(z)$ 为偶函数。因此，磁力函数 $F_{\mathrm{M}}(z)$ 为奇函数，即

$$F_{\mathrm{M}}(z) = \alpha_1 z + \alpha_3 z^3 + \cdots \tag{2.7}$$

其中，α_1 为磁力函数的线性系数；α_3 为三次项的系数。若 $\alpha_1 < 0$，即图 2.2 (a) 中的多线圈互感系统可产生正弹性力。而若同时改变上、下两

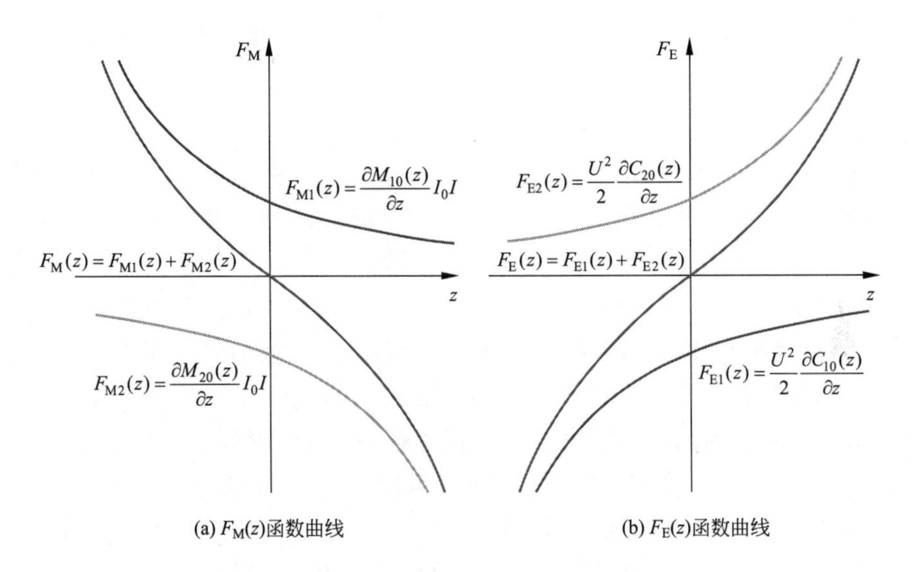

图 2.3　$F_M(z)$ 函数曲线和 $F_E(z)$ 函数曲线

线圈中电流的方向而保持可动线圈中的电流不变，磁力 $F_M(z)$ 的方向将随之改变。因此，多线圈互感系统也可以产生反弹性力。

类似地，在图 2.2(b) 中，若中间电极与上、下两电极之间的电容分别为 $C_{10}(z)$、$C_{20}(z)$；上、下两固定电极之间的电容为 $C_{12}(z)$；中间的可动电极接低电位，上、下两个电极均接高电位；按照产生静电力弹性力的对称条件，上、下两电极与中间可动电极之间的电压满足关系 $U_1 = U_2 = U$。如此条件下该多电极电容器系统的静电能量随竖直坐标 z 变化的函数为

$$E_E(z) = \frac{U^2}{2}[C_{10}(z) + C_{20}(z)] \tag{2.8}$$

根据虚功原理，该多电极电容器系统产生的静电力函数 $F_E(z)$ 可表示为

$$F_E(z) = \frac{U^2}{2}\frac{\partial[C_{10}(z) + C_{20}(z)]}{\partial z} \tag{2.9}$$

同样地，可将式（2.9）中的静电力 $F_E(z)$ 分解为两个分量：由上电极与中间可动电极之间的电容 $C_{10}(z)$ 产生的静电力分量 $F_{E1}(z) = (U^2/2)[\partial C_{10}(z)/\partial z]$，以及由下电极与中间可动电极 $C_{20}(z)$ 产生的静电力分量 $F_{E2}(z) = (U^2/2)[\partial C_{20}(z)/\partial z]$。图 2.3(b) 给出了 $F_{E1}(z)$ 和 $F_{E2}(z)$

随竖直距离 z 变化的曲线。函数 $C_{10}(z)+C_{20}(z)$ 为偶函数，故静电力函数 $F_{\mathrm{E}}(z)$ 为奇函数，即

$$F_{\mathrm{E}}(z)=\rho_1 z+\rho_3 z^3+\cdots \tag{2.10}$$

其中，ρ_1 为静电力函数线性项的系数；ρ_3 为三次项的系数。若 $\rho_1>0$，即图 2.2(b) 中的多电极电容器系统可产生反弹性力。由于静电力只能为吸力，故该多电极电容器系统仅能产生反弹性力。

从上述分析可以看出，多线圈互感系统可产生磁正弹性力或磁反弹性力。磁力弹性系数与线圈的空间结构和线圈中的电流分布有关。多线圈互感系统是典型的三维系统，难以加工得很完美，由此带来的问题是，多线圈互感系统的准直（几何中心、电磁力中心与光学测量中心重合）问题比较困难。另外，要想准确测量电弹性系数，就需要对互感量进行测量。而摆动周期法所需的恢复力较小且过零点，若采用多线圈互感系统，则必须要测量小互感量。中国计量科学研究院能量天平课题组虽然发展出了两种测量互感量的方法，但仅限于准确测量较大的互感量；而对小互感量如何更准确测量的问题，国内外都还未能很好地解决[79-81]。另外，载流线圈互感系统还存在发热问题，这也会对测量结果的准确性产生负面影响[82]。

采用多电极电容器系统仅能产生静电反弹性力，其主要的特点是：弹性系数与电极的空间分布以及电极上所加的电压大小均有关。多电极电容器系统接近一维系统，其优点是实现准直相对容易。由于实现摆动周期法所需的电恢复力较小，电极上所加的电压不需要很高，如此，可避免传统电压天平方案中施加高电压时，电阻型高电压分压器由电压效应和负载效应导致的准确性差的缺陷[54,55]。而且采用 20 世纪 60 年代发明的计算电容及变压器电容电桥，可完美地解决小电容量的准确测量和量传问题[100,101]，在屏蔽完善的情况下，小电容量测量的准确性可达到 10^{-8} 量级[102,103]。

鉴于用多电极电容器系统产生静电弹性力比多线圈互感系统产生弹性磁力具有设计容易和测量更准确等优势，故本论文工作中，基于上述研究和分析结果，为实现对摆动周期法原理的试验验证，选择采用多电极电容器系统产生静电弹性力，从而建立起摆动天平的摆动周期与电学量的联系。

2.1.3　摆动周期法设计

基于上述考虑，实现摆动周期法的试验装置的原理结构设计如图 2.4 所示。所设计的摆动周期法试验装置的主体为一架等臂式机械天平，它的中刀刀口的位置为 O。与传统的质量量值传递用天平系统所不同的是，该天平横梁的重心 G 在中刀刀口正下方的 δ 处。由于重心下沉了，天平在获得一定初始能量后，会以中刀刀口为转动中心而摆动。图 2.4 中，L_1 和 L_2 为天平的左、右臂长，m_1 和 m_2 为左、右砝码的质量，M_0 为横梁的质量，θ 为天平的摆角。

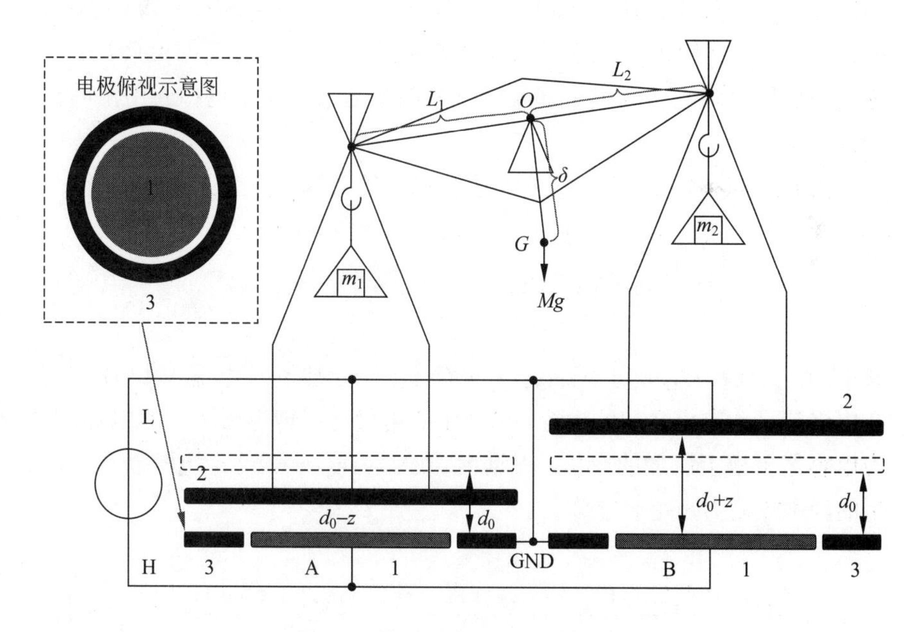

图 2.4　摆动周期法的原理结构图

两个 Kelvin 电容器 A 和 B 分别与摆动天平的左、右两边刀做柔性连接。其中，Kelvin 电容器的中心电极（电极 1）和保护电极（电极 3）均固定在同一水平面上，可动电极（电极 2）与边刀相连，随天平横梁摆动时可竖直上下移动。在平衡位置时，两电容器完全对称，此时可动电极到中心电极的距离为 d_0。为产生静电弹性力，中心电极接高电压端，可动电极和保护电极接地。应注意，在本文工作中，Kelvin 电容器产生静电力的方式，与传统 Kelvin 电容器拓展电极（电极 2）接高压端，中心电极（电极 1）和保护电极（电极 3）接地的用法完全不同。此种接线方式的好处是，避免了传统 Kelvin 电容器系统产生静电力时中心电极和保护电极需同步移动的困难，可使摆动周期法的实现大为简化（具体见 3.4 节）。按本论文提出的工作方式，电容器电场分布与传统 Kelvin 电容器中的电场分布已有所不同，但根据互易原理，两种工作模式下中心电极（电极 1）与可动电极（电极 2）之间的电容量 C_{12} 及 $\partial C_{12}/\partial z$ 相同，与之相应的这部分静电力 $(\partial C_{12}/\partial z)(U^2/2)$ 也不发生变化。需要注意的是，此时由于保护电极（电极 3）附近的电场已有所变化，会产生一个很小的附加静电力 $(\partial C_{13}/\partial z)(U^2/2)$（具体见 2.3.3 节）。但由于 C_{13} 及 $\partial C_{13}/\partial z$ 可准确测量，因此，加上与此附加力相应的修正项后并不影响整体方案的准确性。本论文中还用有限元仿真模型和实际试验测量结果验证了这种新用法的正确性。

依据式 (2.8)，该双 Kelvin 电容器系统的能量 E 可表征为

$$E = \frac{1}{2}U^2[C_{12\mathrm{A}}(z) + C_{12\mathrm{B}}(z) + C_{13\mathrm{A}}(z) + C_{13\mathrm{B}}(z)] \tag{2.11}$$

其中，$C_{12\mathrm{A}}(z)$、$C_{12\mathrm{B}}(z)$、$C_{13\mathrm{A}}(z)$ 和 $C_{13\mathrm{B}}(z)$ 分别为电容器 A 和 B 的中心电极与可动电极之间的电容，以及中心电极与保护电极之间的电容；U 为电容器极板上所加的电压。根据虚功原理，该双 Kelvin 电容器系统产生的静电恢复力矩可表征为

$$\varGamma = \frac{1}{2}U^2L\left\{\frac{\partial[C_{12\mathrm{A}}(z) + C_{12\mathrm{B}}(z)]}{\partial z} + \frac{\partial[C_{13\mathrm{A}}(z) + C_{13\mathrm{B}}(z)]}{\partial z}\right\} \tag{2.12}$$

由于所设计的双 Kelvin 电容器系统关于竖直坐标 z 偶对称，故 $\partial[C_{12\mathrm{A}}(z)+C_{12\mathrm{B}}(z)]/\partial z$ 和 $\partial[C_{13\mathrm{A}}(z)+C_{13\mathrm{B}}(z)]/\partial z$ 均为 z 的奇函数，即静电恢复力矩 $\varGamma$ 是准弹性的。由于双 Kelvin 电容器系统为反弹性系统，其产生的静电弹性力会使摆动天平的摆动周期变长。天平横梁重心下沉的设计，可以保证天平在摆动过程中，其合成力矩始终为恢复力矩，从而可避免摆动天平系统进入摆动的不稳定域。

2.2　摆动周期法求解普朗克常数

2.2.1　摆动天平微分方程

本节要导出求解摆动天平的基本方程，即要建立砝码质量与天平摆动周期之间的关系。如图 2.5(a) 所示，当摆动天平系统处于平衡位置时，其力矩是平衡的。此条件下，满足关系：

$$m_1gL_1 = m_2gL_2 \tag{2.13}$$

如图 2.5(b) 所示，当摆动天平系统处于摆动状态时，恢复力矩共由 3 部分组成：天平横梁重力产生的恢复力矩 τ_0，砝码 m_1 的重力产生的恢复力矩为 τ_1，砝码 m_2 的重力产生的恢复力矩 τ_2。写成矩阵形式的这 3 个力

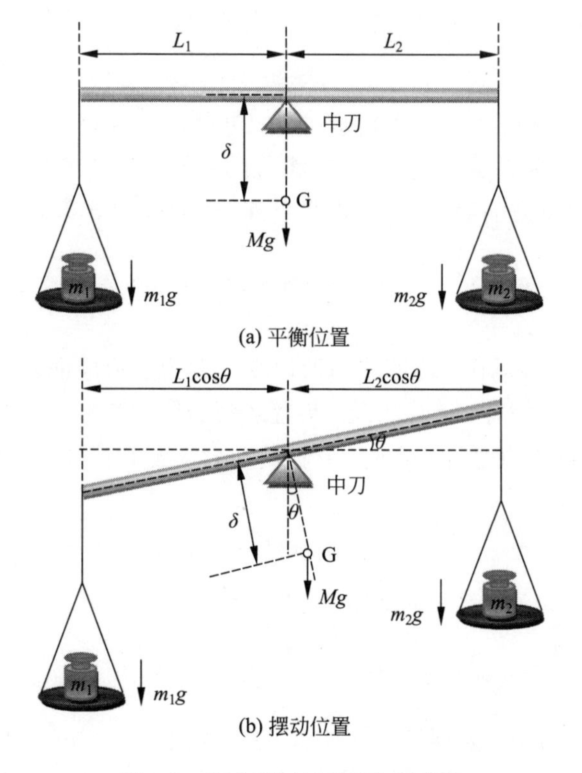

图 2.5　摆动天平摆动状态示意图

矩分量的表达式为

$$\begin{bmatrix} \tau_0 \\ \tau_1 \\ \tau_2 \end{bmatrix} = \begin{bmatrix} M_0 g\delta & 0 & 0 \\ 0 & -m_1 gL_1 & 0 \\ 0 & 0 & m_2 gL_2 \end{bmatrix} \begin{bmatrix} \sin\theta \\ \cos\theta \\ \cos\theta \end{bmatrix} \tag{2.14}$$

由式 (2-13) 可知，$m_1gL_1 = m_2gL_2$。如此，天平系统摆动时，其总恢复力矩 τ 可表示为

$$\tau = \tau_1 + \tau_2 + \tau_0 = M_0 g\delta \sin\theta \tag{2.15}$$

式 (2.15) 显示出，由砝码 m_1 和 m_2 的重力产生的恢复力矩之和为零，即摆动天平系统的恢复力矩仅由横梁的质量和重心的位置决定。根据转动定理，该天平系统的摆动方程为

$$J\frac{\mathrm{d}^2\theta}{\mathrm{d}t^2} + M_0 g\delta \sin\theta = 0 \tag{2.16}$$

其中，$J = J_0 + m_1L_1^2 + m_2L_2^2$，为摆动天平系统的转动惯量。

接下来从能量守恒角度验证式 (2.1) 和式 (2.16)。假设天平中刀刀口所在平面为零势能面，摆动天平系统的初始摆角为 θ_0。在初始摆动位置，摆动天平系统的动能为零，能量全部为重力势能，其势能 E_1 为

$$E_1 = M_0 g\delta(1-\cos\theta_0) - m_1 gL_1 \sin\theta_0 + m_2 gL_2 \sin\theta_0 = M_0 g\delta(1-\cos\theta_0) \tag{2.17}$$

式 (2.17) 显示出，选取中刀刀口水平面为零势能面时，砝码 m_1 和 m_2 的势能大小相等、符号相反，两者之和始终为零。如图 2.5 (b) 所示，当摆动天平系统的摆角为 θ 时，其同时包含动能和势能，其中的势能 E_p 可表征为

$$E_\mathrm{p} = M_0 g\delta(1-\cos\theta) \tag{2.18}$$

此条件下，摆动天平系统的动能 E_k 为

$$E_\mathrm{k} = \frac{1}{2}M_0(\omega\delta)^2 + \frac{1}{2}m_1(v_{1x}^2 + v_{1z}^2) + \frac{1}{2}m_2(v_{2x}^2 + v_{2z}^2) \tag{2.19}$$

其中，$\omega = \mathrm{d}\theta/\mathrm{d}t$，为摆动天平系统的角速度；$v_{1x}$、$v_{1z}$ 和 v_{2x}、v_{2z} 分别为砝码 m_1 和 m_2 运动速度的水平分量和竖直分量。根据牛顿运动定

律，v_{1x}、v_{1z} 和 v_{2x}、v_{2z} 分别可表征为

$$v_{1x}=\frac{\partial(L_1-L_1\cos\theta)}{\partial z}=\omega L_1\sin\theta \tag{2.20}$$

$$v_{1z}=\frac{\partial(-L_1\sin\theta)}{\partial z}=-\omega L_1\cos\theta \tag{2.21}$$

$$v_{2x}=\frac{\partial(L_2\cos\theta-L_2)}{\partial z}=-\omega L_2\sin\theta \tag{2.22}$$

$$v_{2z}=\frac{\partial(L_2\sin\theta)}{\partial z}=\omega L_2\cos\theta \tag{2.23}$$

根据能量守恒定律，可得 $E_1=E_{\mathrm{p}}+E_{\mathrm{k}}$。联立式 (2.18)，式 (2.23)，可得到摆动天平系统的相平面运动方程，即

$$\frac{1}{2}(M_0\delta^2+m_1L_1^2+m_2L_2^2)\omega^2-M_0g\delta(\cos\theta-\cos\theta_0)=0 \tag{2.24}$$

将式 (2.24) 对时间 t 求导数，得到

$$\left[(M_0\delta^2+m_1L_1^2+m_2L_2^2)\frac{\mathrm{d}^2\theta}{\mathrm{d}t^2}+M_0g\delta\sin\theta\right]\frac{\mathrm{d}\theta}{\mathrm{d}t}=0 \tag{2.25}$$

式 (2.25) 所得的微分方程与式 (2.16) 的结果一致，即这就从能量守恒的角度验证了式 (2.16) 的正确性。

2.2.2　摆动周期法的基本方程

本节研究双 Kelvin 电容器系统静电力的作用，探索建立静电弹性系数与摆动周期的联系。根据双 Kelvin 电容器系统具有的偶对称性，可得到

$$C_{12\mathrm{A}}(z)+C_{12\mathrm{B}}(z)+C_{13\mathrm{A}}(z)+C_{13\mathrm{B}}(z)=C_0+\kappa z^2+\lambda_C(z^2) \tag{2.26}$$

其中，C_0 为常数项；κ 为二次项系数；$\lambda_C(z^2)$ 为高阶项。将式 (2.26) 代入式 (2.12)，静电恢复力矩可以写成

$$\varGamma=U^2L\kappa z+\lambda_\varGamma(z^2)=\kappa U^2L^2\theta+\lambda_\varGamma(z^2) \tag{2.27}$$

其中，$\theta = z/L$，为摆动天平的摆角；$\lambda_\Gamma(z^2)$ 为高阶项。根据转动定理，考虑静电力的摆动天平系统的微分方程可表征为

$$\left[J_0+(m_1+m_0)L_1^2+(m_2+m_0)L_2^2\right]\frac{\mathrm{d}^2\theta}{\mathrm{d}t^2}+M_0g\delta\sin\theta-\kappa U^2L^2\theta+\lambda_\Gamma(z^2)=0 \tag{2.28}$$

其中，m_0 为摆动天平左、右边刀上悬挂的除砝码外的固定质量，又称“死分量”，主要包括边刀、可动电极及支架的质量。

在理想条件下，对描述摆动周期法特征的基本方程，可通过如下 3 个假设而加以简化：① $m_1 = m_2$；② $L_1 = L_2$；③ $\theta \to 0$。其中，前两个假定的合理性是通过精确地调整摆动天平系统左、右两个砝码的质量，以及摆动天平左、右两侧的配重来保证的。首先，应准确地调整砝码质量，以使得条件①成立。然后，可相互交换天平左、右秤盘上的砝码 m_1 和 m_2，并通过调整，使得天平横梁平衡位置在砝码交换前后保持相同。第 3 个假定实际上是对非线性的考虑，在实际测量时，可以通过不同的摆动幅度下的测量结果，经过外推而得到“零摆动幅度”下的值。基于上述 3 个假设，式 (2.28) 可以化简为

$$\left[J_0+2(m_0+m)L^2\right]\frac{\mathrm{d}^2\theta}{\mathrm{d}t^2}+(M_0g\delta-\kappa U^2L^2)\theta=0 \tag{2.29}$$

式 (2.29) 为标准的摆动方程，其对应的摆动周期的解为

$$T=2\pi\sqrt{\frac{J_0+2(m_0+m)L^2}{M_0g\delta+\kappa U^2L^2}}=2\pi\sqrt{\frac{\beta_1+2m}{\beta_2-\kappa U^2}} \tag{2.30}$$

其中，β_1 和 β_2 为两个几何因子，分别为

$$\beta_1=\frac{J_0}{L^2}+2m_0; \qquad \beta_2=\frac{M_0g\delta}{L^2} \tag{2.31}$$

其中，β_1 由天平横梁的转动惯量、边刀悬挂的死分量以及天平臂长确定；而 β_2 则由天平横梁的重心和天平臂长确定。虽然 β_1 和 β_2 均为稳定的结构常数，但由于它们中均包含天平横梁质量的积分量，直接测量它们的值十分困难。在下一节中将看到，本文工作中提出一种类似功率天平方案的“替代法”，求解 β_1 和 β_2 的值。

2.2.3　替代法求解普朗克常数

欲采用摆动周期法求解普朗克常数的值，必须要分别求解出 β_1 的 SI 值以及 β_2 的电学值。由于两个几何因子分别包含了摆动天平横梁的转动惯量和质心，直接测量这两个几何因子 β_1 和 β_2 变得十分困难。但研究发现，如果摆动天平系统足够稳定，那就可以采用类似功率天平方案的替代法对 β_1 和 β_2 进行求解。具体地，即对摆动天平这一测量系统，在不同砝码质量 $m_i(i=1,2,\cdots)$ 和不同电压 $U_j(j=1,2,\cdots)$ 条件下测量其摆动周期，然后，再通过联立方程组，便可将 β_1 和 β_2 分别求解出来。基于式 (2.30)，得到求解 β_1 和 β_2 所需的方程组分别为

$$\beta_1 + 2m_i = \frac{T_i^2}{4\pi^2}(\beta_2 - \kappa U^2) \tag{2.32}$$

$$\beta_2 - \kappa U_j^2 = \frac{4\pi^2}{T_j^2}(\beta_1 + 2m) \tag{2.33}$$

一般地，β_1 的 SI 值以及 β_2 的电学值可通过用最小二乘法拟合式 (2.32) 和式 (2.33) 得到。现取一种最简单的情况下来求解 β_1 和 β_2：设 T_1 和 T_2 分别是相同电压量值但不同的砝码质量 m_1 和 m_2 下摆动天平系统的摆动周期；T_3 和 T_4 为相同砝码质量但不同电压 U_1 和 U_2 下摆动天平系统的摆动周期。如此，β_1 和 β_2 的解为

$$\beta_1 = \frac{2(m_1T_2^2 - m_2T_1^2)}{T_1^2 - T_2^2} \tag{2.34}$$

$$\beta_2 = \frac{\kappa(U_1^2T_3^2 - U_2^2T_4^2)}{T_3^2 - T_4^2} \tag{2.35}$$

从式 (2.34) 和式 (2.35) 不难看出，β_1 仅与砝码质量和摆动周期有关，故为 SI 值；而 β_2 仅与电容系数 κ、电极电压和摆动周期有关，为 1990 电学值。根据式 (2.30)，电学 1990 单位与 SI 单位量值的比值 γ 可以写成

$$\gamma = \frac{\{\beta_2 - \kappa U^2\}_{90}}{\left\{\frac{4\pi^2}{T^2}(\beta_1 + 2m)\right\}_{\text{SI}}} \tag{2.36}$$

由得到的 γ 值，便可根据式 (1.6) 求解普朗克常数。从上述的理论推导不难看出，摆动周期法测量的基本量都是可以比较容易准确测量的物

理量，包括摆动周期 T、砝码质量 m 、电极电压 U 以及电容系数 κ。由于以摆动周期法测量的质量为惯性质量，而空气对砝码产生的浮力为非弹性力，故理论上空气浮力并不会造成测量误差。同理，砝码重力也为非弹性力，因此在实施摆动周期法方案中，重力加速度 g 也不必测量。

已知摆动周期需要精确测量的量包括：静电弹性系数 κ，摆动周期 T，砝码质量 m。从量纲上分析，以摆动周期法求解 γ 时所用的单位，有

$$\dot{\gamma}=\frac{kT^2}{m}=\frac{\{\mathrm{N/m}\}_{90}\{\mathrm{s}^2\}}{\{\mathrm{kg}\}_{\mathrm{SI}}}=\frac{\{\mathrm{kg}\}_{90}}{\{\mathrm{kg}\}_{\mathrm{SI}}} \tag{2.37}$$

从式（2.37）可以看出，以摆动周期法可以实现由电学单位推导千克量值与 SI 千克量值之间的比，故从单位量纲上看，摆动周期法符合质量量子基准研究的一般形式，是一种十分值得探索的方案。

2.3　双 Kelvin 电容器系统准弹性理论

2.3.1　Kelvin 电容器模型概述

Kelvin 电容器的结构和尺寸如图 2.6 所示，圆盘形中心电极①的半径为 R_0；圆盘形可动电极②的半径和圆环形保护电极③的外径均为 R；保护电极内外径之差为 ΔR；中心电极与保护电极之间的缝隙宽为 δ_0；可动电极与中心电极之间的距离为 $d=d_0+z$，其中，d_0 为平衡位置时可动电极与中心电极之间的距离；中心电极和保护电极的厚度均为 h_0。

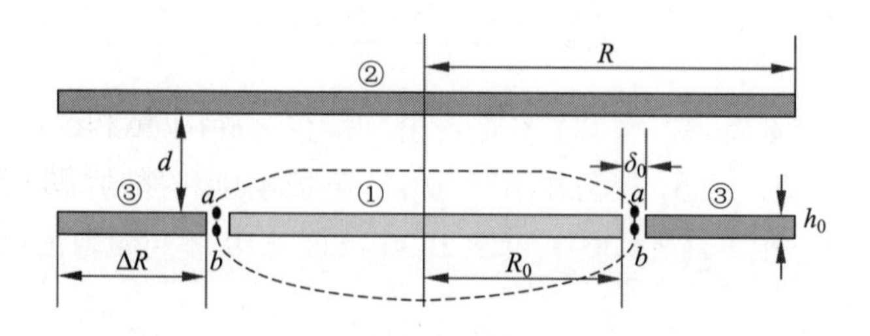

图 2.6　Kelvin 电容器的结构图

周期测量模式下，Kelvin 电容器的中心电极接高电压，保护电极和可动电极均接地。对双 Kelvin 电容器系统，其产生的静电恢复力矩 Γ 如

式 (2.12) 所表征。为方便建模和比较，可将 Γ 分解为两个彼此独立的分量来分析：由中心电极与可动电极之间的电容 $C_{12}(z)$ 的变化产生的静电恢复力矩是 Γ_1，以及由中心电极与保护电极之间的电容 $C_{13}(z)$ 的变化产生的静电恢复力矩为 Γ_2，即

$$\Gamma_1 = \frac{1}{2}U^2 L \frac{\partial[C_{12\mathrm{A}}(z) + C_{12\mathrm{B}}(z)]}{\partial z} \tag{2.38}$$

$$\Gamma_2 = \frac{1}{2}U^2 L \frac{\partial[C_{13\mathrm{A}}(z) + C_{13\mathrm{B}}(z)]}{\partial z} \tag{2.39}$$

在本论文所使用的 Kelvin 电容器工作方式下，电场能量的变化主要由 $C_{12}(z)$ 随竖直距离变化引起，$C_{13}(z)$ 并不会随竖直坐标 z 的变化发生明显的改变（具体见 2.3.2 节和 2.3.3 节）。因此，静电恢复力矩中，主分量为 Γ_1，而 Γ_2 可以被作为残差量考虑。在以下的分析中，将 Γ_1 称为静电恢复力矩主分量，而把 Γ_2 称为静电恢复力矩的残差分量。在接下来的两小节中，将分别建立 Γ_1 和 Γ_2 关于竖直坐标 z 变化的数学模型。

2.3.2　恢复力矩主分量求解

本节研究建立求解静电恢复力矩主分量 Γ_1 的模型。电容 $C_{12}(z)$ 可按照经典的 Kelvin 电容器计算公式求解，即将电容 $C_{12}(z)$ 考虑为平行板电容器，其计算公式为[104]

$$C_{12}(z) = \frac{\varepsilon S}{d} = \frac{\pi\varepsilon}{d}\left(R_0 + \frac{\delta_0}{2}\right)^2 \tag{2.40}$$

其中，S 为 Kelvin 电容器中心电极的面积；ε 为电解质的电容率，真空电容率的数值约为 $8.854187817 \times 10^{-12}\mathrm{F/m}$。根据虚功原理，由电容 $C_{12}(z)$ 上能量变化产生的静电力可表征为

$$f_1 = \frac{1}{2}U^2 \frac{\partial C_{12}(z)}{\partial z} = -\frac{\varepsilon S U^2}{2d^2} \tag{2.41}$$

对于双 Kelvin 电容器系统，左、右两个电容器的可动电极与中心电极之间的距离在天平摆动时此消彼长。如图 2.4 所示，当该天平系统的摆角为 θ 时，电容器 A 的可动电极与中心电极之间的距离为 $d_0 - z$，而电

容器 B 的可动电极与中心电极之间的距离为 d_0+z。电容器 A 和 B 产生的静电力 $f_{1\mathrm{A}}(z)$ 和 $f_{1\mathrm{B}}(z)$ 分别表征为

$$f_{1\mathrm{A}}(z)=\frac{1}{2}U^2\frac{\partial C_{1\mathrm{A}}(z)}{\partial z}=-\frac{\varepsilon SU^2}{2(d_0-z)^2} \tag{2.42}$$

$$f_{1\mathrm{B}}(z)=\frac{1}{2}U^2\frac{\partial C_{1\mathrm{B}}(z)}{\partial z}=-\frac{\varepsilon SU^2}{2(d_0+z)^2} \tag{2.43}$$

由于静电力 $f_{1\mathrm{A}}(z)$ 和 $f_{1\mathrm{B}}(z)$ 所产生的恢复力矩的方向相反，故静电力恢复力矩主分量 $\Gamma_1(z)$ 可表示为

$$\Gamma_1(z)=[-f_{1\mathrm{A}}(z)+f_{1\mathrm{B}}(z)]L=\frac{2\varepsilon SU^2Ld_0z}{(d_0^2-z^2)^2} \tag{2.44}$$

式 (2.44) 显示出，静电力恢复力矩主分量 $\Gamma_1(z)$ 函数是关于 z 的奇函数，即该恢复力矩是准弹性的。在摆动天平系统摆动幅度较小时，式 (2.44) 分母中的 z^2 为二阶小量，即此条件下的静电力恢复力矩主分量 $\Gamma_1(z)$ 十分接近线性函数。随着 z 的增大，静电力恢复力矩主分量 $\Gamma_1(z)$ 将表现出越来越强的非线性。

这里采用一个有限元计算的算例，以验证 $\Gamma_1(z)$ 模型的正确性。模型参数与本文第 3 章实际搭建的摆动周期法试验装置参数接近，分别设置如下：$R_0=109\mathrm{mm}$，$R=150\mathrm{mm}$，$\Delta R=40\mathrm{mm}$，$\delta_0=1\mathrm{mm}$，$d_0=10\mathrm{mm}$，它们的物理意义如图 2.6 所示；电容器极板所加电压 $U=1000\mathrm{V}$；天平横梁的臂长 $L=0.5\mathrm{m}$。模型计算和有限元计算的结果如图 2.7 所示。不难看出，计算模型和有限元仿真模型吻合较好，$f_{1\mathrm{A}}(z)+f_{1\mathrm{B}}(z)$ 为奇函数，仅包含奇数次谐波分量，为准弹性力。另外，不难发现，主弹性力分量属于反弹性力，它的存在，将使得摆动天平系统的摆动周期变大。

2.3.3　静电恢复力矩残差分量的求解

本节研究建立静电恢复力矩残差分量 Γ_2 的模型。求解此问题的基本思路是采用一种分段电场模拟的办法，将 $C_{13}(z)$ 的计算模型简化为 3 个简单的电容计算模型，然后采用保角变换法求解静电力的残差分量。根据电容的定义，中心电极与保护电极之间的电容 $C_{13}(z)$ 可以写成

$$C_{13}(z)=\frac{Q}{U} \tag{2.45}$$

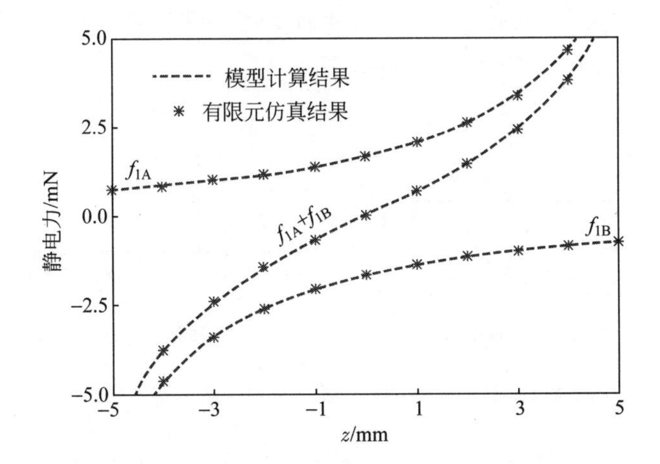

图 2.7　主分量模型计算结果与有限元仿真计算结果的比较

其中，Q 为中心电极上的电荷量，U 为中心电极与保护电极之间的电压。取如图 2.6 中用虚线围成的封闭几何体 $\mathcal{W}$，根据高斯定理，电荷量 Q 可按下式计算：

$$Q=\varepsilon\left(\int_{S_1}E\cdot\mathrm{d}S_1+\int_{S_2}E\cdot\mathrm{d}S_2+\int_{S_3}E\cdot\mathrm{d}S_3\right)\tag{2.46}$$

其中，E 为电场强度；S_1 对应图 2.6 中 a 到 a 之间的表面积，即封闭几何体 $\mathcal{W}$ 在中心电极以上表面的面积；S_2 为 a 到 b 之间的表面积，即 $\mathcal{W}$ 在中心电极和保护电极之间的表面积；S_3 对应图中 b 到 b 之间的表面积，即 $\mathcal{W}$ 在中心电极以下表面的面积。若能分别求出 S_1、S_2 和 S_3 曲面上的电通量，那么电容 $C_{13}(z)$ 就可以根据式 (2.45) 求解出来。现定义如下 3 个被分解的部分电容 $C_1(z)$、$C_2(z)$ 和 $C_3(z)$，具体表示为

$$C_i(z)=\frac{\varepsilon\int_{S_i}E\cdot\mathrm{d}S_i}{U}\quad(i=1,2,3)\tag{2.47}$$

经研究，本论文中的 $C_1(z)$ 采用一种如图 2.8 所示的对称缝隙电容器模型来模拟其周围电场的分布，并采用施瓦茨-克里斯托费尔（Schwarz-Christoffel）映射对其进行求解。施瓦茨-克里斯托费尔映射是一种复变函数变换，可将 $z=x+\mathrm{j}y$ 复平面共形映射到 $\xi=u+\mathrm{j}v$ 复平面的上半平

面。采用施瓦茨-克里斯托费尔映射进行电磁场计算的最主要优点是它可将系统降维，可大大简化计算过程[105]。

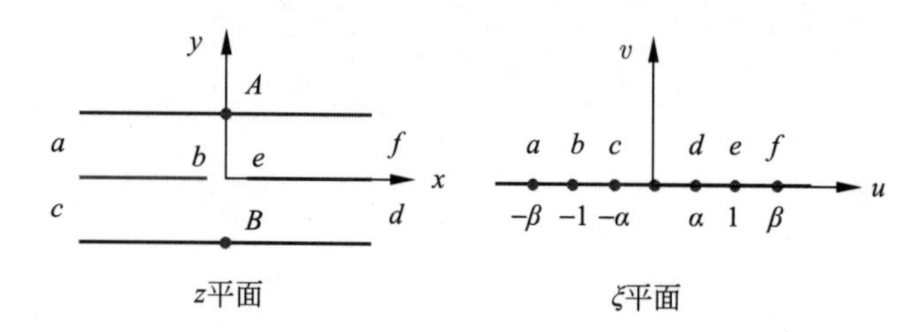

图 2.8 计算 $C_1(z)$ 的施瓦茨 - 克里斯托费尔变换模型

在图 2.8 所示的对称缝隙电容模型中，通过点 A 平行于 x 轴的点 a 和点 f 之间的线段代表可动电极；在 x 轴上，点 a 与点 b 之间的线段及点 e 与点 f 之间的线段代表保护电极；由于中心电极与保护电极之间的空气隙远小于中心电极的半径以及保护电极的内外径之差，即 $\delta \ll R_0$ 或 ΔR，因此，在建模过程中可认为线段 ab 和线段 ef 关于 y 轴对称。同时，为方便计算，在 z 下半平面上，设置一个与可动电极 af 关于 x 轴对称的镜像电极。

模拟过程中，假设 z 平面上的点 a、c、f、d 分别在无穷远处，其在 ξ 平面上的映射值分别为 $-\beta$、$-\alpha$、α、β；ξ 平面上的点 b 和 e 对应于 ξ 平面上的 -1 和 1 点；点 A 和点 B 对应 ξ 平面上的 ∞ 点和 0 点。显然，应满足关系 $0 < \alpha < 1 < \beta$。

根据零极点的个数，本论文计算 $C_1(z)$ 所采用的施瓦茨-克里斯托费尔变换应满足如下形式：

$$z = A_0 \int \frac{(\xi - 1)(\xi + 1)}{(\xi - \alpha)(\xi + \alpha)(\xi - \beta)(\xi + \beta)} \mathrm{d}\xi + B_0 \tag{2.48}$$

其中，A_0 和 B_0 为未知常数。

式 (2.48) 的积分函数可以分解为如下分式和的形式：

$$\frac{(\xi - 1)(\xi + 1)}{(\xi - \alpha)(\xi + \alpha)(\xi - \beta)(\xi + \beta)} = \frac{1 - \alpha^2}{(\beta^2 - \alpha^2)(\xi^2 - \alpha^2)} + \frac{\beta^2 - 1}{(\beta^2 - \alpha^2)(\xi^2 - \beta^2)} \tag{2.49}$$

对式 (2.49) 中的各项分别进行积分，可将式 (2.48) 改写为

$$z = M\left(\ln\frac{\xi+\alpha}{\xi-\alpha} + \ln\frac{\xi+\beta}{\xi-\beta}\right) + N \tag{2.50}$$

将图 2.8 中 A 和 B 两点的边界条件代入式 (2.50)，得到

$$M = \frac{d}{\pi}, \quad N = \mathrm{j}d \tag{2.51}$$

由于式 (2.48) 的施瓦茨-克里斯托费尔变换为对称变换，故有 $\alpha\beta = 1$。则图 2.8 对应的保角变换为

$$z = \frac{d}{\pi}\left(\ln\frac{\xi+\alpha}{\xi-\alpha} + \ln\frac{\xi+\beta}{\xi-\beta}\right) + \mathrm{j}d \tag{2.52}$$

其中，α 的数值可用变换式在 b 或 e 点的对应条件进行求解，即

$$\frac{d}{\pi}\left(\ln\frac{1+\alpha}{1-\alpha} + \ln\frac{1+\alpha}{\alpha-1}\right) + \mathrm{j}d = \frac{\delta_0}{2} \tag{2.53}$$

解出 α，可得到

$$\alpha = \frac{\mathrm{e}^{\frac{\pi\delta_0}{4d}} - 1}{\mathrm{e}^{\frac{\pi\delta_0}{4d}} + 1} = \tanh\left(\frac{\pi\delta_0}{8d}\right) \tag{2.54}$$

如此，由式 (2.54) 得到相应的施瓦茨-克里斯托费尔变换后，可将二维电场计算问题简化为一维电场计算问题。电极 abc 与电极 def 之间的电容 $C_\Delta(z)$ 为

$$C_\Delta(z) = \frac{\varepsilon}{\pi}\left(\ln\frac{\alpha+\beta}{2\alpha} - \ln\frac{2\beta}{\alpha+\beta}\right) \tag{2.55}$$

应注意，式 (2.55) 为双对称模型在单位缝隙长度上的电容表达式。而实际 $C_1(z)$ 仅包含上述模型的一半电通量，且中心电极与保护电极之间的缝隙总长度为 $\pi(2R_0+\delta_0)$，故 $C_1(z)$ 可以被表征为

$$C_1(z) = \pi\left(R_0 + \frac{\delta_0}{2}\right)C_\Delta(z) = \varepsilon(2R_0+\delta_0)\ln\frac{\alpha^2+1}{2\alpha} \tag{2.56}$$

由于 α 是竖直坐标 z 的函数，故电容 $C_1(z)$ 的能量会随着可动电极的移动而发生变化，并产生静电力，因此在摆动周期法中必须予以测量修

正。类似对 $C_1(z)$ 的求解过程，下面用施瓦茨-克里斯托费尔变换求解电容 $C_2(z)$ 的解析表达式。

计算 $C_2(z)$ 所用的施瓦茨-克里斯托费尔变换为

$$\xi = \ln z = \ln|z| + \mathrm{j}\cdot \mathrm{Arg}(z) \tag{2.57}$$

其中，$\mathrm{Arg}(z)$ 为向量 z 的相角。如图 2.9 所示，z 平面上中心电极的外圆映射到 ξ 平面上为 $u=\ln(R_0)$，$0\leqslant v\leqslant 2\pi$；$z$ 平面上圆环形保护电极的内圆映射到 ξ 平面上为 $u=\ln(R_0+\delta_0)$，$0\leqslant v\leqslant 2\pi$。

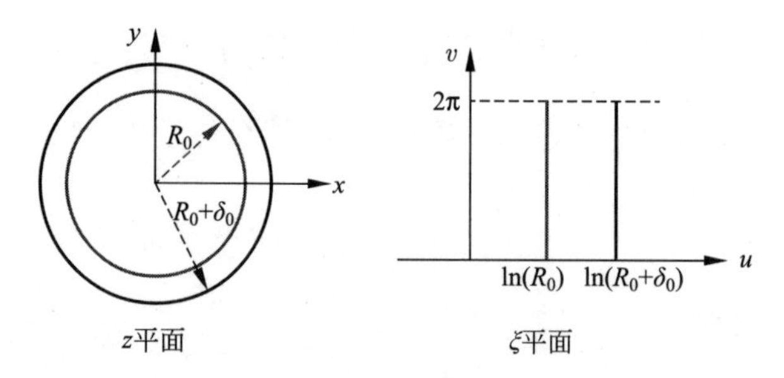

图 2.9 计算 $C_2(z)$ 的施瓦茨-克里斯托费尔变换模型

利用式 (2.57)，可将 z 平面上的同心圆电容器变换为 ξ 平面上的平行板电容器，其电容为

$$C_2 = \frac{2\pi\varepsilon h_0}{\ln(R_0+\delta_0)-\ln(R_0)} \tag{2.58}$$

其中，h_0 为中心电极和保护电极的厚度。从式 (2.58) 可知，C_2 与可动电极的位置 d 无关，即电容 C_2 中所存储的静电能量在天平摆动过程中保持恒定。如此，电容 C_2 并不会产生静电力。

而对电容 C_3，可以直接采用计算 $C_1(z)$ 的变换模型求解，假设中心电极到天平支撑平台（其电位为零）的距离为 D，则 C_3 的表达式为

$$C_3 = \varepsilon(2R_0+\delta_0)\ln\frac{\tanh^2\left(\dfrac{\pi\delta_0}{8D}\right)+1}{2\tanh\left(\dfrac{\pi\delta_0}{8D}\right)} \tag{2.59}$$

同样地，由式（2.59）可知，电容 C_3 中存储的静电能量在天平摆动过程中也保持恒定，也不产生静电力。

从上面的分析可以看出，在图 2.6 所示的封闭几何体 $\mathcal{W}$ 上，S_2 和 S_3 表面的电通量 C_2U、C_3U 在可动电极移动过程中均保持不变，$\mathcal{W}$ 表面电通量的变化主要为 $C_1(z)U$ 引起。根据虚功原理，静电力大小仅跟静电能量的变化有关，故在求解 $\varGamma_2$ 时，仅需考虑 $C_1(z)$ 的模型即可。因此，恢复力矩残差分量 $\varGamma_2$ 可按下式求解

$$\varGamma_2(z)=\frac{U^2L}{2}\left[-\frac{\partial C_{1\mathrm{A}}(z)}{\partial z}+\frac{\partial C_{1\mathrm{B}}(z)}{\partial z}\right] \tag{2.60}$$

其中，$C_{1\mathrm{A}}(z)$ 和 $C_{1\mathrm{B}}(z)$ 分别为 Kelvin 电容器 A 和 Kelvin 电容器 B 相应的 $C_1(z)$ 函数。

为验证上述所提出的静电力恢复矩残差分量的计算模型，仍采用 2.3.2 节中的仿真实例来验证式（2.56）所示模型的准确性。模型计算结果和有限元计算结果如图 2.10 所示。结果显示，静电力恢复力矩残差分量 $\varGamma_2(z)$ 为奇函数，包含奇次谐波分量；其在过零点处的弹性系数的幅度约为主分量的百分之几，且符号与主分量相反，属于正弹性力。

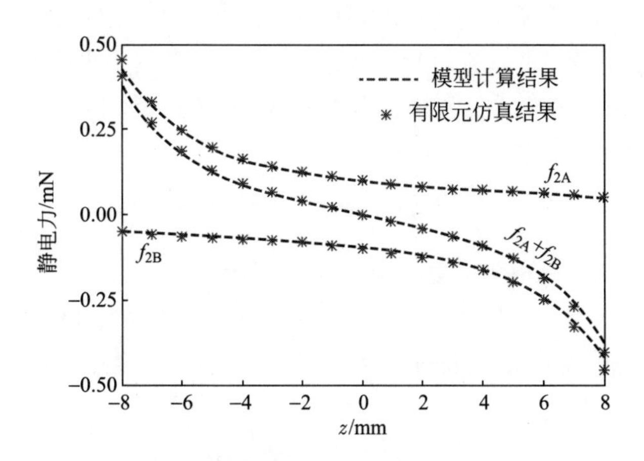

图 2.10　残差分量模型计算和有限元仿真计算结果比较

由图 2.10 可见，模型计算结果与有限元计算结果在靠近平衡位置附近的吻合度很高，但在远离平衡位置的区域出现了一定的偏差。分析不难

得出结论，这是因为当 d 太大或太小时，中心电极与保护电极之间的距离相对于 d 发生了较大的改变（增大或减小），因而导致上述模型的近似条件出现了误差。而摆动周期法的实际工作区域在平衡位置附近，在此区域中，上述恢复力矩残差分量的计算模型仍能保证较高的计算准确性。

2.4 摆动周期法的非线性分析

2.4.1 相平面稳定域

推导出摆动周期法所满足的基本微分方程的一个前提条件，是摆动天平系统的摆动幅度接近零，即 $\theta \to 0$。而受限于传感器和测量设备的分辨能力，所有的实际测量过程，都必然是在它们所定义的测量范围内进行的。因此，在实施摆动周期法试验时，必须要考虑摆动天平系统的摆动幅度对测量结果的影响，即必须要考虑测量过程的非线性。对摆动周期法测量上存在的非线性误差，可通过采取相应的补偿或修正措施，将其带来的测量不确定度分量降低至可容忍的范围内。

由于双 Kelvin 电容器系统所产生的静电恢复力矩为反弹性力矩，故用以表征摆动周期法运动特征的相平面空间会存在不稳定域。因此，在对摆动周期法的测量非线性进行分析之前，应先求解其相平面的稳定域。在摆动天平系统的摆动中，总恢复力矩需指向平衡位置，即恢复力矩应满足如下关系式：

$$|M_0 g\delta \sin\theta| - |\mathit{\Gamma}(\theta)| > 0 \tag{2.61}$$

其中，$\mathit{\Gamma}(\theta)$ 为总静电力恢复力矩。

如图 2.11 所示，实施摆动周期法时，摆动天平系统工作在原点 O 附近。假设函数 $P = M_0 g\delta \sin\theta - \mathit{\Gamma}(\theta)$ 的最小的正过零点所对应的横坐标为 $\theta_{\max}$，即

$$M_0 g\delta \sin\theta_{\max} - \mathit{\Gamma}(\theta_{\max}) = 0 \tag{2.62}$$

取任意 $\theta \in (0, \theta_{\max})$，不难证明

$$M_0 g\delta \sin\theta - \mathit{\Gamma}(\theta) > 0 \tag{2.63}$$

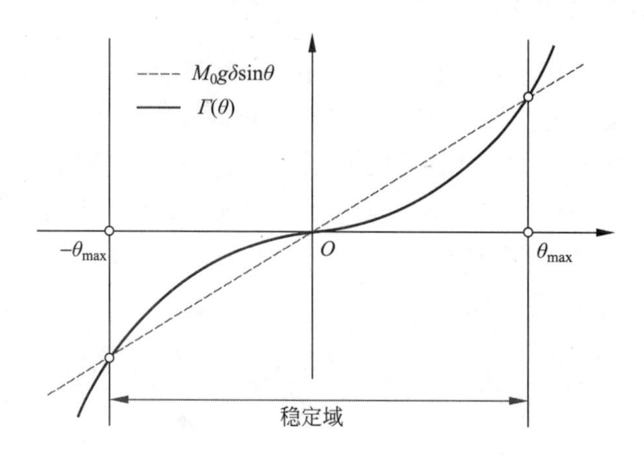

图 2.11 摆动周期法的稳定域示意图

由于函数 $P = M_0g\delta\sin\theta - \Gamma(\theta)$ 是奇函数，故摆动周期法的稳定域为对称区间。结合上述分析，可知其稳定域为 $(-\theta_{\max}, \theta_{\max})$，其中，$L\theta_{\max} < d_0$。这里，$L$ 为摆动天平的臂长，d_0 是摆动天平系统处在平衡位置时，Kelvin 电容器的可动电极与中心电极之间的竖直距离。

摆动天平系统固有的恢复力矩与天平横梁的重心位置有关，一种情形是，天平横梁重心很接近中刀刀口 ($\delta \approx 0$)，而 Kelvin 电容器所加电压较高时，摆动天平系统的稳定域在此种情况下可能根本不存在。因此，摆动天平系统在平衡位置时，应保证横梁的自恢复力矩的变化率大于电弹性恢复力矩的变化率，即摆动天平系统稳定域存在的条件是

$$\left.\frac{\partial[M_0g\delta\sin\theta - \Gamma(\theta)]}{\partial\theta}\right|_{\theta=0} > 0 \tag{2.64}$$

现试通过一个计算实例来求解摆动天平系统的稳定域。参数设置如下：J=2kg·m^2，$M_0g\delta$=0.75N·m，L=0.5m，R_0 = 109mm，R = 150mm，ΔR=40mm，δ=1mm，d_0=10mm，U=1000V。根据式 (2.62)，求解得到摆动方程的稳定域为 $-14.5\text{mrad} < \theta < 14.5\text{mrad}$，亦即 $-7.25\text{mm} < z < 7.25\text{mm}$。

2.4.2 相平面极限环方程

相平面是指由运动系统的某一变量和该变量的微分量所组成的平面，通过分析运动系统的相平面轨迹，可明显地观察出该运动系统的全局性质及非线性特征。对能量恒定的运动系统而言，其相平面的运动轨迹一般为极限环。本节推导表征摆动周期法运动特征的 ω-θ 相平面极限环方程。其中，$\omega=\mathrm{d}\theta/\mathrm{d}t$ 为摆动天平系统的角速度；θ 为摆动天平系统的摆角。式（2.28）可写成如下形式，即

$$J\frac{\mathrm{d}^2\theta}{\mathrm{d}t^2}+M_0g\delta\sin\theta-\left[\frac{\partial E_{\mathrm{A}}(\theta)}{\partial\theta}+\frac{\partial E_{\mathrm{B}}(\theta)}{\partial\theta}\right]=0 \tag{2.65}$$

将式（2.65）做变形[106]，可得到

$$\frac{\mathrm{d}}{\mathrm{d}t}\left[\frac{J}{2}\left(\frac{\mathrm{d}\theta}{\mathrm{d}t}\right)^2-M_0g\delta\cos\theta-E_{\mathrm{A}}(\theta)-E_{\mathrm{B}}(\theta)\right]=0 \tag{2.66}$$

其中，$E_{\mathrm{A}}=(C_{12\mathrm{A}}(z)+C_{13\mathrm{A}}(z))U^2/2$ 和 $E_{\mathrm{B}}=(C_{12\mathrm{B}}(z)+C_{13\mathrm{B}}(z))U^2/2$，分别为电容器 A 和电容器 B 存储的电能。

对式 (2.66) 等号两边进行积分，可得到表征摆动周期法运动特征的相平面上的极限环方程为

$$\frac{J\omega^2}{2}=M_0g\delta(\cos\theta-\cos\theta_0)+E_{\mathrm{A}}(\theta)-E_{\mathrm{A}}(\theta_0)+E_{\mathrm{B}}(\theta)-E_{\mathrm{B}}(\theta_0) \tag{2.67}$$

其中，θ_0 是摆动天平系统的初始摆角。

从物理意义上看，式（2.67）实际上反映了摆动天平系统静电能量与机械能量相互转换的过程。若摆动天平系统在摆动过程中无能量耗散，则式（2.67）在 ω-θ 平面上为极限环，极限环的轨迹仅与摆动天平系统的初始能量有关。图 2.12 给出了摆动天平系统在其稳定域内的相平面极限环分布，计算时所利用的参数，除电容器极板所加电压 U 不同外，其他均与 2.4.1 节中的参数相同。

从图 2.12 可以看出，电压 $U=0\mathrm{V}$ 时，摆动天平系统的非线性较弱，极限环形状类似于复摆；而当电压 $U=1000\mathrm{V}$ 时，摆动天平系统的非线性明显增强，摆动的速度明显降低，摆动周期变大，即该极限环的运动图形验证了双 Kelvin 电容器系统所产生的静电力为反弹性力。

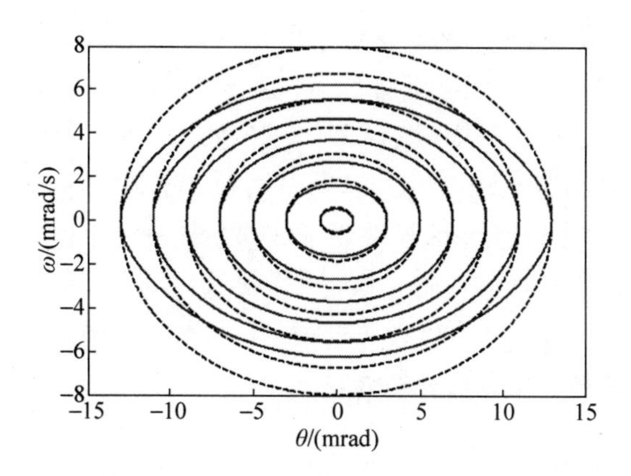

图 2.12 摆动周期方程的极限环分布（虚线 U=0V，实线 U=1000V）

2.4.3 摆动周期方程的解及其非线性

本节推导摆动周期方程的周期解及表征其非线性特征的一般形式。由式 (2.67) 可得摆动系统角速度倒数 $1/\omega$ 随摆角 θ 变化的函数，即

$$\frac{1}{\omega}=\frac{\mathrm{d}t}{\mathrm{d}\theta}=\frac{\sqrt{J}}{\sqrt{2[M_0g\delta_0(\cos\theta-\cos\theta_0)+E_{\mathrm{A}}(\theta)-E_{\mathrm{A}}(\theta_0)+E_{\mathrm{B}}(\theta)-E_{\mathrm{B}}(\theta_0)]}} \tag{2.68}$$

在摆动天平系统无能量损失的假定下，其摆动具有对称性，摆动周期 T 等于从零摆角到最大摆角时间的 4 倍，故表征摆动周期方程的周期解为

$$T=4\int_0^{\theta_0}\frac{\mathrm{d}t}{\mathrm{d}\theta}\mathrm{d}\theta=4\int_0^{\theta_0}\frac{1}{\omega}\mathrm{d}\theta \tag{2.69}$$

由于摆动天平系统自恢复力矩和静电反弹性力矩中均仅包含奇数次谐波，故摆动周期大小跟天平的初始摆角 θ_0 有关，且摆动周期非线性项应仅包含摆动幅度的偶次项，即摆动天平系统的摆动周期可以表示成

$$T=T_0(1+\varsigma_2\theta_0^2+\varsigma_4\theta_0^4+\cdots) \tag{2.70}$$

其中，$\varsigma_i(i=2,4,\cdots)$ 为相应的非线性系数。

仍采用 2.4.1 节的计算实例，对摆动周期方程的非线性做定量分析，旨在更加直观地解释上述所得到的非线性特征的理论分析结论；同时，也可以估算摆动周期法的基本参数的数量级。具体地，根据式（2.69）求解了摆动天平系统在不同摆动幅度下的摆动周期，并给出了摆动幅度为 $\theta_0 = 1\text{mrad}$ 和 $\theta_0 = 14\text{mrad}$ 条件下，天平摆动角度和角速度的时域变化曲线，计算结果如图 2.13 所示。这些计算结果说明，摆动天平的系统摆动周期满足式（2.70）的非线性分布；当摆动幅度较小时，角位移和角速度随时间变化的曲线比较接近正弦波形，非线性较弱；但当摆动幅度较大时，角位移随时间变化的曲线变为平顶波，而角速度的时域曲线变为尖顶波，表明天平摆动的非线性大大增加。

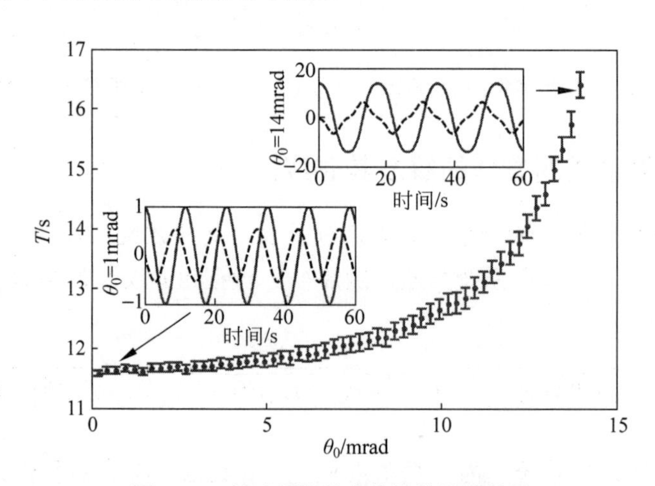

图 2.13　摆动周期的非线性的计算结果

2.5　本章小结

本章推导了表征摆动周期法的基本方程，在摆动天平系统上分别建立了砝码质量与摆动周期的关系，以及电学量（电容、电压）与摆动周期的关系。以摆动天平系统的摆动周期为纽带，建立了电学量与绝对量的联系，形成了一种基于测量惯性质量的质量量子基准研究方案。该方案在物理原理上独立于目前世界上著名的功率天平方案和硅球方案，符合国际计量委员会 2005 决议的要求，在质量量子基准研究以及普朗克常数精密测量方面具有重要的研究价值。本章主要结论总结如下：

（1）通过采用以摆动天平为主体的设计，利用天平边刀刀口实现了砝码质量与砝码质量积分量（质心、转动惯量）的解耦，从根本上解决了传统摆动法测量惯性质量时，质心难以准确测量的缺陷，为实现建立电学量与绝对量的联系乃至精确测量普朗克常数提供了可能。

（2）在为形成电弹性力的设计中，分析了多线圈互感系统和多电极电容器系统的特点，并基于此，设计出一种双 Kelvin 电容器系统，以产生摆动周期法所需要的静电力。通过复平面的施瓦茨 - 克里斯托费尔变换，建立了双 Kelvin 电容器系统表征恢复力矩的数学模型，并采用有限元计算对该模型进行了验证。理论分析显示，双 Kelvin 电容器系统接近一维系统，实现准直容易，且试验所需的直流电压小于 2kV，相比传统电压天平（100kV），所需的直流电压大大降低，这将极大地改善高压电压源中电阻分压器的电压效应和负载效应。

（3）为校准摆动天平系统与天平横梁相关的两个几何因子的值，提出了一种类似功率天平的“替代法”，即通过测量不同砝码质量和电容器极板电压下摆动天平系统的摆动周期，利用所建立的摆动微分方程的周期解，实现了摆动周期函数的二维线性拟合，得到了未知几何因子的电学值和绝对值，进而给出了求解普朗克常数的表达式。

（4）在前述基础上，对准弹性静电力的非线性特征进行了分析，给出了对摆动周期法方程中非线性项修正的数学模型。通过计算，评估了摆动天平系统非线性的基本参数，为实际测量该非线性参数等提供了依据。

本章所研究的内容及得到的相关结论和数学模型，为开展摆动周期法的验证性试验打下了良好的理论基础。

第 3 章　实现摆动周期法的试验装置和测量系统研制

3.1　试验装置概述

为了验证第 2 章提出的摆动周期法的基本原理，本论文工作中设计并研制出一套摆动周期法试验装置和测量系统，以期在一定的测量准确性下验证摆动周期法方案的可行性。所研制的摆动周期法整体试验装置如图 3.1 所示，被放置在中国计量科学研究院昌平试验基地中。该房间为带电磁屏蔽的恒温实验室，室温持续保持在（20 ± 0.1）°C 条件下。用以实现摆动周期法的试验装置的长、宽、高约为 2m×1.5m×2m，其放置在由纸垫减震的水平地基上。这套试验装置被罩在玻璃罩中，以防止空气对流对它工作性能的干扰。

试验装置的主体为一架等臂式天平，传统等臂式天平横梁的重心位置一般都被调整至中刀刀口附近，以获得高的灵敏度。而本论文设计的摆动周期法试验装置对传统等臂式天平进行了改进。其中，最大的改进是，通过调整横梁上的配重将该天平横梁的重心调整至中刀正下方，以保证天平横梁可以绕中刀摆动。速度传感器被安装在横梁的左端，位移传感器被安装在中刀附近，用于控制电容器可动电极位置的执行器被安装在横梁的右端。为了使得摆动天平系统能充分解耦，所有的传感器和执行器均采用非接触式设计。两个表面镀金的 Kelvin 电容器被对称地固定在摆动天平系统的左、右边刀上，天平秤盘和 Kelvin 电容器的可动电极通过柔性连接与边刀解耦相连。Kelvin 电容器的中心电极和保护电极固定在天平的底座上，其方位，可以通过调整 3 个支架的高度进行调节。对测量所

图 3.1　摆动周期法整体试验装置图

需的不同质量砝码的加减或改变，是通过 PLC 控制的自动装置控制完成的，该自动装置由上位机指令控制。可动电极的位置由激光干涉仪来测定，角锥棱镜固定在可动电极与边刀连接的竖直杆上。

基于摆动周期法的基本原理，可将验证摆动周期法的试验测量分为两个模式：电容系数测量模式和摆动周期测量模式。这两种测量模式所包含的子系统或关键试验装置主要包括传感器系统、负阻尼能量控制系统、双 Kelvin 电容器系统、高精度直流电压源、悬挂电极定位系统、自动加减砝码系统、周期测量系统以及自动化测量平台等。本章接下来将重点介绍这些测量子系统或关键试验装置的研制、优化以及测量结果。

3.2　传感器系统

通过分析、比较和论证，用于实现摆动周期法的试验装置中，所需的传感器主要包括位移传感器和速度传感器。这些传感器的作用主要体现在 3 个方面：①用于电容系数测量模式下摆动天平系统的定位，即配合执行器反馈来调整天平横梁的位置；②为摆动周期测量模式下提供周期性触发信号，将感应的正弦信号通过过零触发电路转换为方波，用于去触发计数器进行计时；③配合摆动天平系统的能量补偿，具体应补偿系统的能量损耗速度，以保证实现对摆动周期非线性的测量。接下来，给出本文工作中具体选用的传感器的基本原理及利用它们实施相应测量所得到的结果。

3.2.1　位移传感器

为减小试验装置实施测量过程中的能量耗散并保证摆动天平系统的充分解耦，在对实现摆动周期法的传感器选择上，经过论证比较，均选用了非接触式传感器。常用的非接触式位移传感器主要包括电感式涡流传感器[107,108]、电容传感器[109,110]、光学传感器[111,112] 等，其主要的特点和技术指标如表 3.1 所示。

表 3.1　几种非接触式位移传感器的主要特点和技术指标

传感器类型	典型测量范围/mm	灵敏度	价格	测量条件要求
涡流传感器	100	较好	低	低
电容传感器	1	好	一般	屏蔽
光学传感器	100	好	昂贵	较高

为实现对摆动周期法的试验验证，在应选择哪种类型的传感器上，考虑的因素主要包括：①测量范围较大，约 20mm；②能量损耗应尽可能小，即传感器不能产生大的阻尼；③原理简单，操作方便。基于这些原则并比较了各类位移传感器的技术特点后，认为涡流传感器是实现摆动周期法原理验证试验阶段比较理想的选择。

实际上，张钟华院士领衔的能量天平课题组已经发展了一种电感式涡流传感器，用于能量天平原理的验证试验。该电感式涡流传感器的结构如图 3.2 所示。激励线圈提供该电感式涡流传感器所需的交变磁场，感应线圈 A 与感应线圈 B 反向串联，其差分信号作为位移传感器的输出信号。中间的紫铜块通过固定装置与能量天平横梁的端部相连。当紫铜块在两感应线圈的中间对称位置时，感应线圈 A 和感应线圈 B 中的感应信号幅值相等，相角相差 180°，此时位移传感器的输出为零。当紫铜块向上或向下移动时，两感应线圈中的信号此消彼长，其差值与紫铜块（天平横梁）的位移成正比，故该位移传感器为线性传感器。该传感器存在一个主要的缺点，即它采用开放磁路设计，其磁场的利用率较低，因而需要较大的激励信号来获得足够的灵敏度。但增大激励信号的做法会造成较严重的发热和漏磁问题，对精密测量不利。

与图 3.2 所示的位移传感器被安装在天平横梁端部不同，摆动周期法试验所需的位移传感器应安装在天平横梁的中刀附近，这是因为涡流传感器在天平摆动时会产生一定的阻尼力，安装在中刀附近可大大减小该阻尼力的作用力臂，使得位移传感器产生的阻尼力矩接近零。显然，这样的设计条件下，图 3.2 所示的位移传感器将不再适用，需对其改进或重新设计。考虑摆动周期法试验用的位移传感器安装位置，并尽可能减小图 3.2 所示位移传感器漏磁和发热的问题，本论文工作中设计了一种铁芯式涡流位移传感器。该位移传感器采用闭磁路设计，大大减小了漏磁对摆动天平系统测量的干扰。在发热量类似的条件下，所设计的铁芯式涡流传感器可提供比空气式涡流传感器更强的磁场，因而铁芯式涡流位移传感器的发热更少、体积也更小。

所设计的铁芯式涡流位移传感器的原理结构如图 3.3 所示。该位移

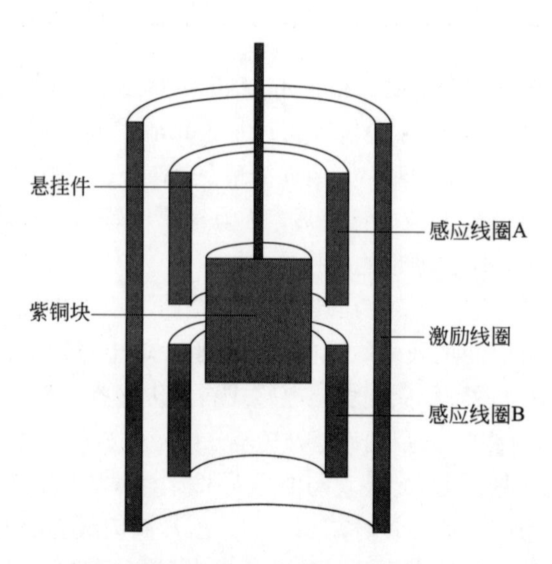

图 3.2 能量天平采用的电感式涡流位移传感器的结构剖面图

传感器在平衡位置时，其结构是对称的。其主磁路是一个日字形磁轭，由硅钢片堆叠而成。磁轭分为中间的主磁轭和两边对称的分支磁轭，每个分支磁轭都有一个宽度为 l_0 的空气隙。激励线圈 W_0 绕在主磁轭上，感应线圈 W_1 和 W_2 分别绕在支路磁轭上。W_1 和 W_2 做反极性串联，用以提供输出信号。固定在天平横梁上的 Y 形金属片延伸至支路磁轭的气隙中，能以横梁中刀刀口为轴做旋转。

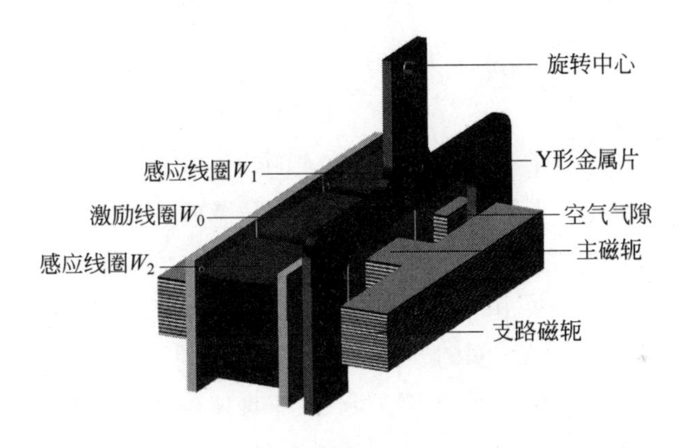

图 3.3　涡流位移传感器的原理结构图

根据磁路的欧姆定律，激励线圈 W_0 与感应线圈 W_i（$i=1,2$）之间的互感 M_i 可以按下式计算，即

$$M_i=\frac{\mu_0 W_i W_0 \mathcal{S}}{l_0+\mu_0\mathcal{S}\varrho_i} \tag{3.1}$$

其中，μ_0 为真空磁导率；$\mathcal{S}$ 为支路磁轭的截面积；ϱ_i 代表由金属片中涡流引起的磁阻抗。

在摆动天平系统处在平衡位置时，$\varrho_1=\varrho_2=\varrho$ ，$W_1=W_2=W$，激励线圈 W_0 与感应线圈 W_1-W_2 之间的互感值即 M_1-M_2 为零，故传感器的输出信号为零。当固定在天平横梁上的金属片随横梁摆动一个小角度 θ 时，由金属片中涡流引起的磁阻抗 ϱ_i 会相应地改变 $\Delta\varrho_i$。由于所研制的位移传感器结构是对称的，所以磁阻抗的变化应满足 $\Delta\varrho_1=-\Delta\varrho_2=\Delta\varrho$。此条件下，输出信号可以表示为

$$u_{\mathrm{D}}=\frac{2\mu_0^2 W_0 W \mathcal{S}^2\Delta\varrho}{(l_0+\mu_0\mathcal{S}\varrho)^2-\mu_0^2\mathcal{S}^2\Delta\varrho^2}\frac{\mathrm{d}i}{\mathrm{d}t} \tag{3.2}$$

显然，$\Delta\varrho$ 是 θ 的函数。在 θ 为小角度的情况下，$\Delta\varrho$ 可以写成泰勒级数形式：

$$\Delta\varrho = k_1\theta + k_2\theta^2 + \chi(\theta) \tag{3.3}$$

其中，k_1 和 k_2 为泰勒级数展开式的线性项系数和二阶项系数。$\chi(\theta)$ 为高阶项。从式 (3.2) 可以看出，输出信号 u_{D} 是 $\Delta\varrho$ 的奇对称函数。将式 (3.3) 代入式 (3.2)，可得到输出信号与天平横梁摆动角 θ 之间的关系式为

$$u_{\mathrm{D}} = \frac{2\mu_0^2 W_0 W \mathcal{S}^2 (K_1\theta + K_2\theta^2 + \cdots)}{(l_0 + \mu_0\mathcal{S}\varrho)^2}\frac{\mathrm{d}i}{\mathrm{d}t} \tag{3.4}$$

其中，K_1 和 K_2 为相应泰勒级数展开式的线性项系数和二阶项系数。从式 (3.4) 可以看出，当摆动角较小时，位移传感器的输出信号与天平横梁的摆角之间接近线性关系；而且，一个简单的有效增加位移传感器灵敏度的方法是增加激励线圈和感应线圈的匝数。但受铁芯饱和、磁感应强度不可能很高的限制，激励线圈的安匝数不能被设计得太大。而增加感应线圈匝数，也可线性增加传感器的灵敏度，故在具体设计上采用细线多绕的办法绕制感应线圈。

本文工作中，实际研制的铁芯式涡流位移传感器的参数确定如下：空气隙宽度 $l_0 = 5\text{mm}$，Y 形金属片选用电阻率较小的不锈钢材料，厚度为 2mm；激励线圈的匝数 $W_0 = 200$，线径为 0.27mm，其电阻值约 18Ω，正弦激励电流的有效值为 14.14mA，频率为 200Hz；感应线圈的匝数 $W_1 = W_2 = 10000$，线径为 0.09mm，每个感应线圈的电阻值均为 2.2kΩ。整个铁芯式涡流位移传感器放置在铝制的屏蔽盒中。

铁芯式涡流位移传感器的功能电路设计如图 3.4 所示。频率 200Hz、“峰-峰”值 200mV 的正弦激励由商用信号发生器安捷伦（Alignment）33250A 提供。激励电路为恒流源电路，其中采样电阻 R 采用四端钮结构，可有效消除电阻器引线电阻和接头电阻带来的测量误差[113]。采样电阻的阻值为 10Ω，其温度系数约为 2μΩ/Ω/℃。恒流源电路与互感线圈的原边 W_0 相连，作为其激励；该铁芯式涡流位移传感器的副边线圈 W_1 与 W_2 做反向串联，其差分信号作为输出；W 为附加线圈，用于为锁相放大器 SR830 提供触发信号。传感器输出的交流信号通过锁相放大器转换为直流输出，可有效降低电磁干扰对传感器输出信号的影响[114]。对位移传

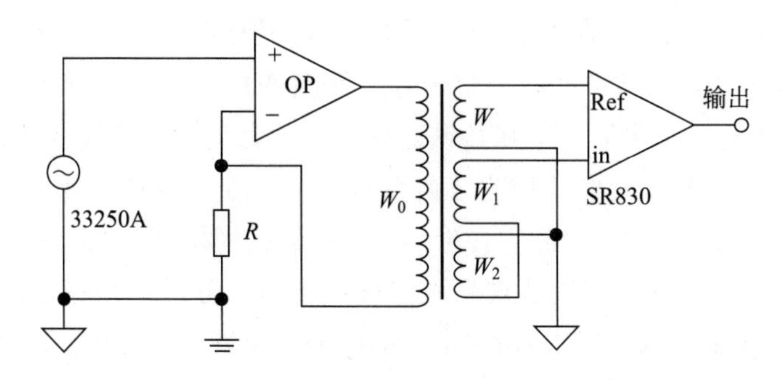

图 3.4　铁芯式涡流位移传感器的功能电路设计

感器输出信号的测量，是采用虚拟仪器软件 LabVIEW 来控制实施的。

为了得到所研制的铁芯式涡流位移传感器的输入输出特性，需准确测量摆动天平横梁的摆角 θ。本论文中采用的办法是，在摆动天平横梁的末端加装一个可以改变竖直距离的千分尺，由该千分尺的示数与固定的水平距离的比值来确定天平摆动的角度 θ。测量得到的所研制的铁芯式涡流位移传感器的输入和输出结果见图 3.5[115]。测量结果显示，所研制的铁芯式涡流位移传感器的灵敏度为 12.5μV/μrad。基于测量结果画出的输入输出关系曲线，与其线性拟合曲线的最大偏差约为 3mV，这表明该位移传感器的非线性约为 3%。

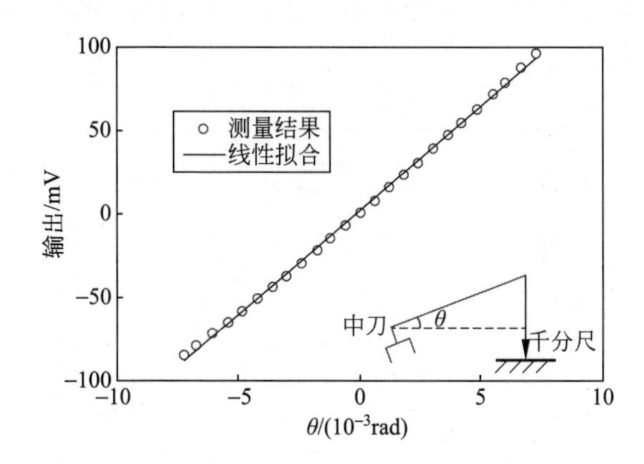

图 3.5　所研制的铁芯式涡流位移传感器输入输出测量结果曲线

测量所得铁芯式涡流位移传感器输入输出关系曲线与其线性拟合值的残差量曲线如图 3.6 所示，其为典型的二阶曲线；再经过二阶拟合后的高阶残差量已接近该传感器的噪声水平。为了测量该铁芯式涡流位移传感器的分辨率，通过阶梯状调整千分尺而改变摆动天平横梁末端的竖直距离，并在每一个台阶上测量该铁芯式涡流位移传感器的输入输出特性。具体测量时，先将天平横梁的摆角慢慢增大，然后再慢慢减小，增大和减小的过程均包含 10 个测量台阶，整个测量过程持续 750s。图 3.7 给出的测量结果显示出，该铁芯式涡流位移传感器的分辨率和稳定性均优于 0.1mV（8μrad)，这些指标均满足摆动周期法原理验证性试验的要求。

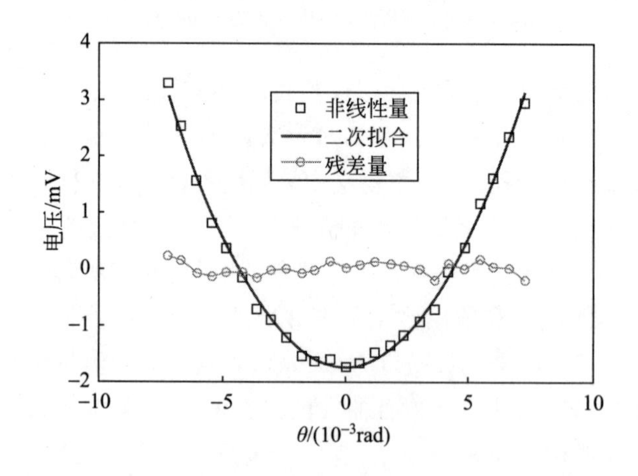

图 3.6　表征铁芯式涡流位移传感器输入输出非线性的特征曲线

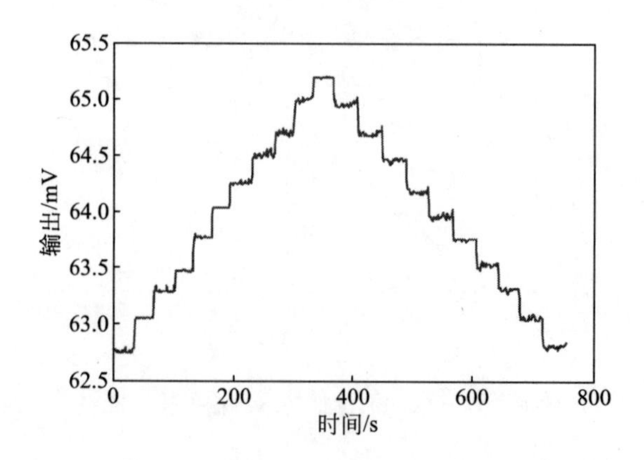

图 3.7　铁芯式涡流位移传感器灵敏度的测量结果

3.2.2　速度传感器

速度信号的获得可以有两种途径：①将铁芯式涡流位移传感器的输出信号做微分；②直接采用速度传感器。试验研究结果表明，以对位移信号进行微分的方法获得的速度信号，其信噪比会很差。鉴于此，本文工作中确定采用单独的速度传感器来获取摆动天平横梁运动的速度信号。

速度传感器设计的基本原理一般都是基于法拉第电磁感应定律[116]，即让一个开路的感应线圈与一个在运动范围内近似恒定的磁场发生相对运动，并将感应线圈切割磁力线产生的感应电动势作为其相对运动速度的表征量。而欲保证基于法拉第感应定律的速度传感器具有良好的灵敏度、线性度和鲁棒性，所设计的磁场应具有如下特征：①在工作范围（例如 2mm）内磁感应强度较强并具有良好的均匀性；②对其他非感应方向的晃动不敏感。而众所周知，这一特征正是功率天平方案中速度测量模式所要求的[117]，因此本论文在设计应用于摆动周期法原理验证试验所需的速度传感器时，总结、比较并优化了目前功率天平方案中的磁体设计，并将在速度模式下表征感应电压与线圈运动速度关系的功率天平装置，用作反映摆动天平系统摆动特征的速度传感器。

根据激励源的不同，应用于功率天平方案的磁体系统可分为两种实现方式：电磁系统和永磁系统。其中，电磁系统的激励源为载流线圈，例如 NPL-1[118]、NIST-3[61] 等；永磁系统的激励源为钐钴（Sm_2Co_{17}）永磁体，例如 NPL-NRC[58,64]、LNE[69]、METAS-1[66]、BIPM[74]、METAS-2[67]、NIST-4[117]、MSL[119]、KRISS[77] 等。由于永磁系统比电磁系统可以提供更强的磁感应强度，且不存在发热问题，因此本论文确定选用永磁系统来设计速度传感器。

本论文工作中，所研制速度传感器的原理结构如图 3.8 所示，它采用闭磁路结构，以有效避免外界电磁干扰对传感器输出信号的影响。两块相同尺寸的圆饼状永磁体磁极相对，用以提供磁场源。由于钐钴永磁体价格昂贵，在摆动周期法试验阶段，暂选磁特性相当但温度系数略大的钕铁硼（$Nd_2Fe_{14}B$）永磁体作为替代。如前面所述，永磁体能提供较强的磁场，可增加该速度传感器的灵敏度。磁轭选用磁导率大、磁滞小的电工纯铁制作，用以提供较理想的空气-磁轭分界面条件。根据磁场的边界条件，

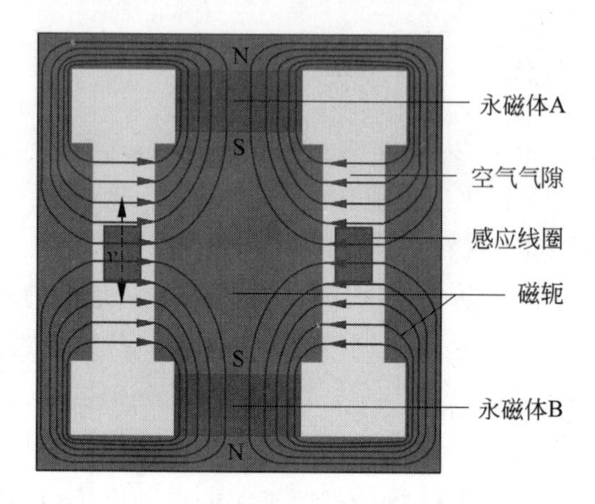

图 3.8　速度传感器的原理结构图

磁轭空气隙中的辐射状磁场在竖直方向可被近似认为是均匀的。因此，线圈中产生的感应电压信号可以表示为

$$u_{\mathrm{v}} = nBlv \tag{3.5}$$

其中，n 为线圈匝数；B 为气隙中沿径向的磁感应强度；l 为单匝线圈的长度；v 为线圈摆动的速度。

在具体设计中，传感器外磁轭的高度为 60mm，外直径为 57mm，气隙的宽度为 8mm。感应线圈固定在天平横梁的左端，其骨架的内径为 29mm，外径为 37mm，高度为 6mm。为增加传感器的灵敏度，感应线圈采用直径为 0.05mm 的漆包线绕制，共绕 2×10^4 匝。

在用于测量传统天平摆动速度的类似速度传感器中，线圈骨架一般采用金属材料（如铝），以增加天平的电磁阻尼，从而提高测量结果读数的稳定性。但对于本文工作中研制的摆动天平速度传感器而言，线圈若采用金属做骨架，将导致严重的附加阻尼力矩，使摆动天平系统难以形成所需的等幅摆动。因此，本文工作中所设计研制的速度传感器的骨架使用的是有机玻璃。如此，当线圈开路时几乎不会产生阻尼力矩。此外，若将感应线圈短路，根据楞次定律，天平摆动时，将会在线圈中产生较大的反向电流。此时，该速度传感器是一个阻尼器。在实际使用中，测量摆动周期时，使线圈开路，并使其作为速度传感器使用；而在测量电容时，将线圈短路，使其发挥电磁阻尼作用。

该速度传感器输入输出之间关系的测量结果曲线如图 3.9 所示。其中，横轴对应的输入速度值，是利用激光测量横梁位移值的微分得到的，而纵轴对应的是速度传感器输出的电压信号。测量结果显示，在 ±1400μm/s 的速度范围里，输出电压信号与速度呈线性关系。将输出电压信号 u_{v} 除以用激光测量位移得到的速度信号 v，可得到速度传感器磁场几何因子 Bl 随感应线圈偏离平衡位置 z 变化的函数关系，如图 3.10 所示。

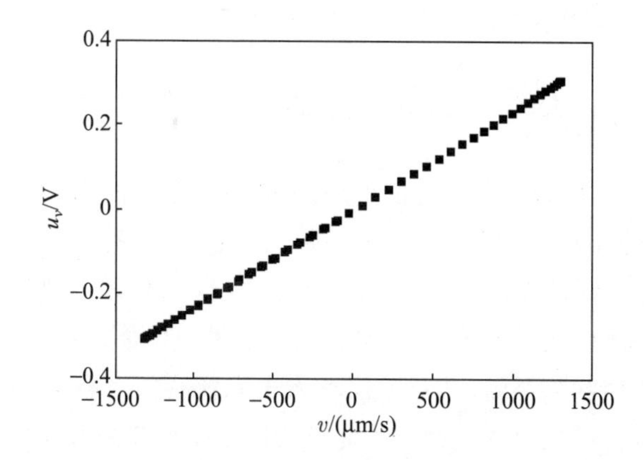

图 3.9　所研制的速度传感器的输入输出关系曲线

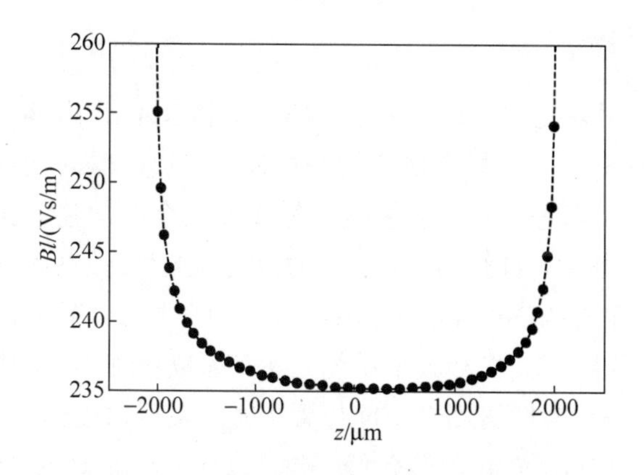

图 3.10　速度传感器气隙的磁场分布

图 3.10 所示的测量结果表明：当 $|z| < 1000$μm 时，气隙中的磁感应强度的均匀性较好，约为 0.4%；当 $|z| > 1000$μm 时，气隙中的磁感应强

度随 $|z|$ 值增大而迅速增加。在摆动周期法的周期测量中，仅需保证过零点处磁场的均匀性，图 3.10 所示的测量结果完全满足测试要求。

3.3　负阻能量补偿系统

由于存在机械摩擦、天平刀口滞后[120] 以及空气阻尼等，所设计研制的摆动天平系统在每个摆动周期里都会有一定的能量损耗。因此，更严谨的摆动周期方程应该包含一次项（速度项），即

$$J\frac{\mathrm{d}^2\theta}{\mathrm{d}t^2}+\varpi\frac{\mathrm{d}\theta}{\mathrm{d}t}+M_0g\delta\theta-\kappa U^2L^2\theta=0 \tag{3.6}$$

其中，ϖ 为阻尼系数。为了对摆动周期进行持续测量，必须要对式 (3.6) 中的速度项进行补偿，以使得阻尼系数 ϖ 的值能维持在一个很小的正值上。如此，既能保证摆动天平系统的稳定性，又可以通过测量不同摆动幅度下的摆动周期，得到摆动方程的非线性信息。本论文工作中，提出了一种负阻能量控制的方法，以补偿摆动天平系统在每个摆动周期里消耗的能量。该补偿方法的基本思想，是通过线性速度反馈来改变系统的阻尼系数 ϖ，进而实现对摆动天平系统能量的控制。

3.3.1　执行器

执行器是用以控制摆动天平系统的能量和 Kelvin 电容器电极位置的关键装置。为简化连线并实现无接触控制，在执行器的设计上，本文工作中经论证、计算等，采用了永磁体与线圈组合的构建方案，其结构如图 3.11 所示。其中，直径为 10mm 的片状永磁体（钕铁硼）固定在天平横梁的右端。在与地基相连的平台上，放置两个参数一致但反向串联的线圈（线圈 1 和线圈 2）。摆动天平系统处在平衡位置时，调整执行器线圈支架的高度，使得这两个线圈在空间位置上做到关于永磁体上、下对称。执行器中的两个线圈用较粗的漆包线绕制，以减小线圈通入电流后的发热。实际绕制该线圈时，所采用的漆包线直径为 0.27mm，每个线圈缠绕 2470 匝，经测量，每个线圈的电阻值为 82.5Ω。该执行器中，两个线圈的支撑架采用相对磁导率接近 1 的黄铜制作而成。这样的设计，既能保证执行器

中线圈结构具有较大的热沉，又可减小执行器工作过程中由于材料的磁特性（剩磁）对测量结果造成的不良影响。

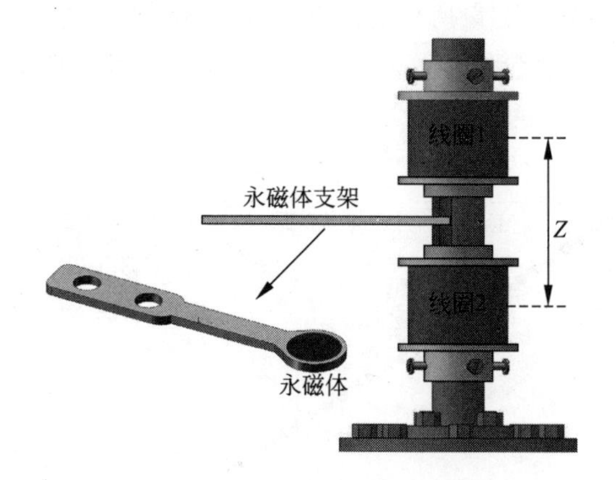

图 3.11 所研制的执行器结构图

为保证执行器输出特性具有很好的线性度，需调整两线圈之间的距离 Z，以使得线圈径向辐射磁场在竖直方向尽可能均匀。如图 3.12 所示，B_{rA} 和 B_{rB} 分别为上、下两线圈产生的径向磁场；当两线圈之间的距离较小时（$Z = Z_1$），合成的径向磁场具有单峰分布特征；而当该距离较大时（$Z = Z_3$），合成的径向磁场呈双峰分布特征。理论上，总存在一个

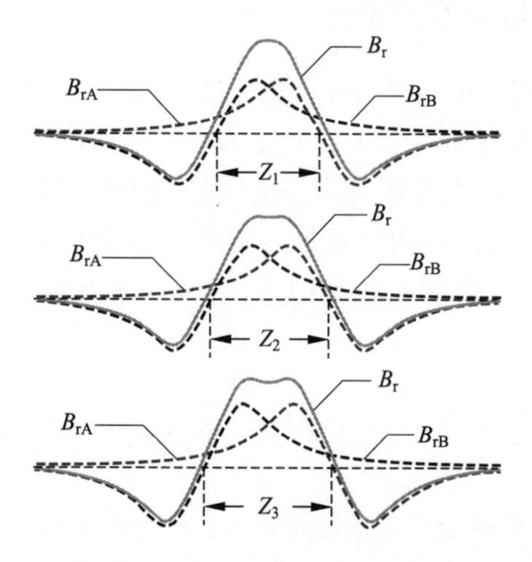

图 3.12 线圈径向磁场均匀度与两线圈之间距离的关系

最优的距离值，设为 $Z = Z_2$，在该距离上，两线圈产生的径向辐射场在竖直方向上的均匀性最好[45]。本文工作中研制的执行器两个线圈之间的最佳距离为 Z =60mm，测量所得的在不同电流驱动下摆动天平横梁的位置如图 3.13 所示。由测量结果可以得到，所研制执行器的非线性约为 1%，其非线性部分为典型的三次曲线。

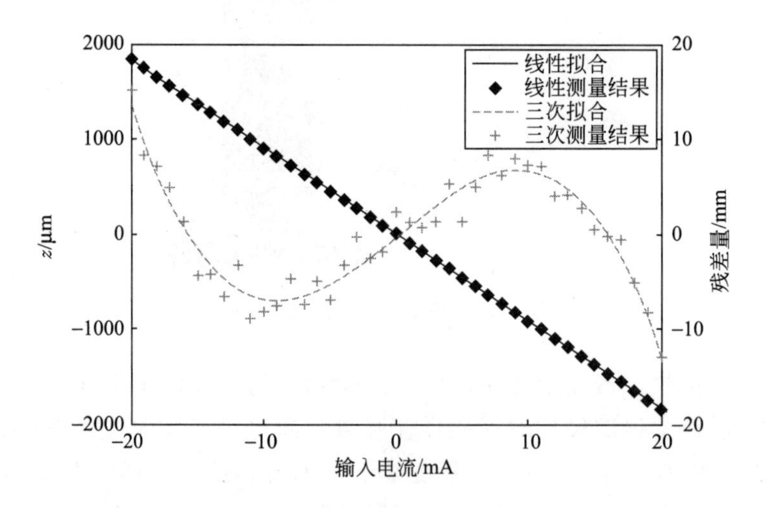

图 3.13　横梁位置随执行器输入电流不同的变化关系

3.3.2　负阻能量补偿的设计

本文中经研究确定的负阻补偿电路如图 3.14 所示，其中速度传感器的输出信号经电压-电流转换电路转化为电流信号，之后加载到一个线性执行器中。执行器产生与摆动速度成比例的力矩并作用在天平横梁上，从而改变方程式 (3.6) 中阻尼系数 ϖ 的值。若速度传感器的传递函数为 $u_{\mathrm{v}} = \varepsilon_1 \mathrm{d}\theta/\mathrm{d}t$，执行器的传递函数为 $\tau_{\mathrm{v}} = \varepsilon_2 I$（$I$ 为输入电流），则补偿后的摆动周期方程为

$$J\frac{\mathrm{d}^2\theta}{\mathrm{d}t^2} + \left(\varpi_0 - \frac{\varepsilon_1\varepsilon_2}{r}\right)\frac{\mathrm{d}\theta}{\mathrm{d}t} + M_0 g\delta\theta - \kappa U^2 L^2\theta = 0 \qquad (3.7)$$

其中，ϖ_0 是未加补偿条件下的阻尼系数；r 为图 3.14 所示电路中的采样电阻值。

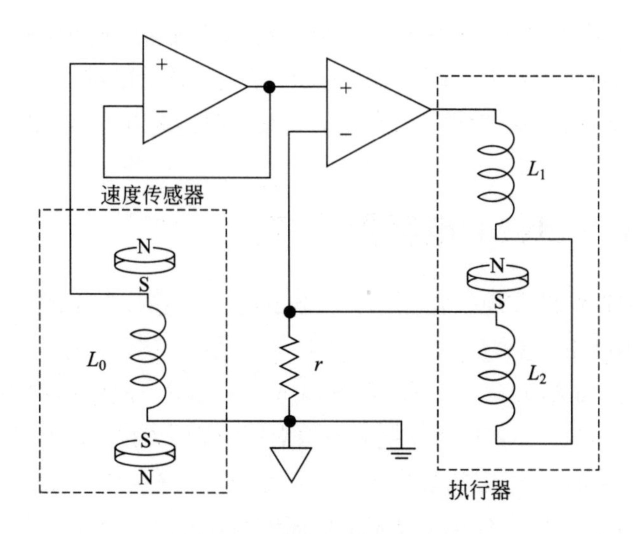

图 3.14 负阻能量控制电路

由于 ϖ_0、ε_1、ε_2 均可在测量范围内被近似看作常数，故仅需调整电阻 r 的值，便能实现对阻尼系数的调整。为了测量摆动周期的非线性效应，补偿后的阻尼应为一个非常小的正值。这样，才能保证在摆动天平系统稳定的前提下，能得到摆动周期与摆动幅度的关系，进而根据式 (2.70) 外推得到天平摆角 $\theta \to 0$ 条件下对应的周期值 T_0。

图 3.15 给出了不同 r 值下的能量补偿效果，其中 z_{pp} 为天平的摆动幅度，初始摆动幅度 $z_{0\mathrm{pp}}$=1700μm。可以看出，$z_{\mathrm{pp}} < 200$μm 条件下，天

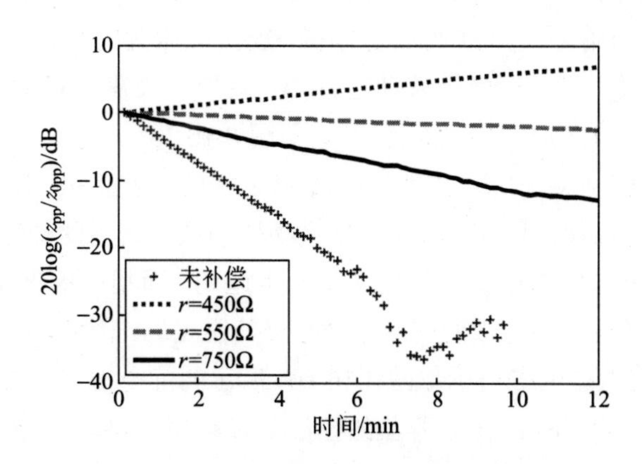

图 3.15 不同 r 取值下的能量补偿效果

平的自然阻尼系数 ϖ_0 非常接近常数，验证了前面的假设；r=450Ω 时，补偿的能量过多，系统逐渐失稳；r=750Ω 时，补偿的能量偏小，衰减过快；r=550Ω 时，补偿效果比较理想，衰减速率约为 0.2dB/min。

3.4 双 Kelvin 电容器系统

摆动周期法的实现，是采用双 Kelvin 电容器系统产生静电弹性力的，这是因为 Kelvin 电容器系统是典型的一维系统[121]，其加工和准直实现都比较容易。如第 1 章介绍的，传统电压天平方案一般采用同心圆筒电容器系统产生静电力，其优点是电容函数对竖直距离的导数为常数，即在一定的范围内可产生恒定的静电力；缺点是电容器极板的接触面积对竖直距离的导数值一般比较小，故需要很高的直流电压才能产生足够大的静电力。有的电压天平的具体实现方案中，也采用 Kelvin 电容器系统产生静电力，用以与砝码重力相平衡，其优点是其电容函数对竖直距离变化的导数值较大，故在 Kelvin 电容器极板上所施加的电压比一般的同心圆筒电容器系统要低；缺点是该系统具有较强的非线性。本文提出的摆动周期法实现的前提是，需要产生可准确测量的静电弹性力。针对于此，Kelvin 电容器系统具有的非线性强的特点，恰好是实现摆动周期法所需要的。

本论文中所提出的 Kelvin 电容器系统与电压天平方案中所使用的 Kelvin 电容器系统最大的区别在于电容器电极的接线方式不同，即静电力的产生方式不同。传统的电压天平方案中，Kelvin 电容器系统的扩展电极（图 2.6 中的②电极）为固定电极，连接电压源的高压端；而中心电极为可动电极，在可动电极移动过程中，保护电极需与可动电极保持同步，中心电极和保护电极均接地[41]，如图 3.16 (a) 所示。该连线方式的优点是，静电力只跟扩展电极和中心电极之间的电容有关；缺点是保护电极要与中心电极保持同步。若为实施摆动周期法仍采用此种连线方法，则需要中心电极与保护电极不停地保持同步运动。而相应的试验研究证明，保持保护电极与中心电极的同步运动是极其困难的。因此，在实现摆动周期法上，本文工作中提出了如图 3.16 (b) 所示的静电力产生方式。在该静电力产生方式中，Kelvin 电容器的拓展电极被用作可动电极，接地电位；中心电极和保护电极为固定部分，其中中心电极接直流电压源的高电压端，而保护电极要接地。此接线方式的优点是实现起来非常简单，不需要额外的机械控制；缺点是中心电极与保护电极之间会存在一个小的附加力矩，即残差分量 Γ_2。另外，图 3.16 (b) 所示的 Kelvin 电容器系统连线方式，受到中心电极与保护电极之间气隙绝缘电压的限制，所加的直流电压不能太高。而摆动周期法所需的静电恢复力较小，所需的直流电压最高仅需 1.6kV，故图 3.16 (b) 接线方式仍可满足试验的要求。

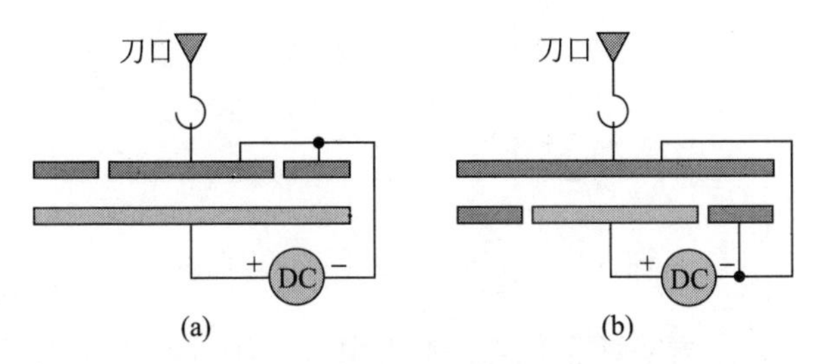

图 3.16　Kelvin 电容器系统的两种不同接线方式

为了得到电容二次系数 κ 的值，需要准确测量电容量 $\sum C(z)$ 与可动电极位置 z 之间的函数。电容量 $\sum C(z)$ 主要包括如下四个部分，即

$$\sum C(z) = C_{12\mathrm{A}}(z) + C_{12\mathrm{B}}(z) + C_{13\mathrm{A}}(z) + C_{13\mathrm{B}}(z) \tag{3.8}$$

κ 是函数 $\sum C(z)$ 在 $z = 0$ 处的二阶导数值。基于本文第 2 章的分析可知，对 κ 值的求解，必须考虑 $\sum C(z)$ 函数的非线性。而局部外推法是求解非线性参数的通用方法[79]，因此对 κ 值可以通过采用如下的外推法求解出来，即

$$\kappa = \left.\frac{\partial^2 \sum C(z)}{\partial z^2}\right|_{\Delta z \to 0} \tag{3.9}$$

其中，Δz 是函数 $\sum C(z)$ 的测量区间。

对小电容的准确测量，一般采用变压器电容电桥[122]，其测量原理电路如图 3.17 所示。该电桥电路平衡时，电感线圈的匝数 N_1 与电感线圈的匝数 N_2 的比等于待测电容 C_x 与标准电容 C_s 的比，因此待测电容的量值为

$$C_\mathrm{x} = \frac{N_1}{N_2} C_\mathrm{s} \tag{3.10}$$

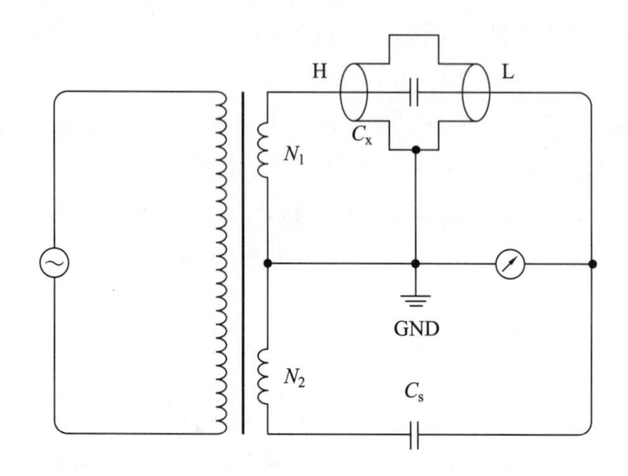

图 3.17 变压器电容电桥原理电路

变压器电桥主要有两个优点：①采用匝数比 N_1/N_2 做感性阻抗的比例，而匝数一般为确切的整数，因此 N_1/N_2 可以非常容易达到很高的准确性；②采用电感线圈比例，可极大地改善感性端的输出阻抗，因而待测电容 C_x 的高电位端的抗干扰能力很强。在实现摆动周期法中，对电容的测量暂由商用变压器电桥 AH2700A 代替，该变压器电容电桥在工作频率为 1kHz 时，测量电容的准确性为 5×10^{-6}。

测量电容 $C_{12}(z)$ 和 $C_{13}(z)$ 的电路如图 3.18 所示。测量电容 $C_{12}(z)$ 时，中心电极接变压器电容电桥的 L 端，可动电极接变压器电容电桥的 H 端，保护电极接变压器电容电桥的屏蔽端；测量电容 $C_{13}(z)$ 时，中心电极接变压器电容电桥的 L 端，保护电极接变压器电容电桥的 H 端，可动电极接变压器电容电桥的屏蔽端。在具体搭建测量电路时，对整个测量电路以及变压器电容电桥（AH2700A）的 H 和 L 端都做了较完善的静电

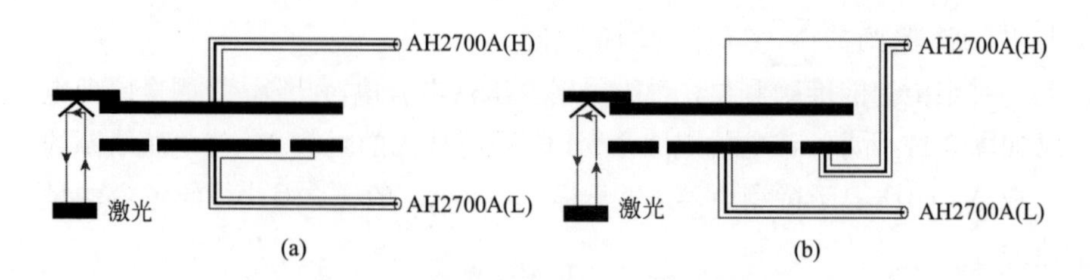

图 3.18 电容 $C_{12}(z)$ 和 $C_{13}(z)$ 测量电路

屏蔽。测量电容的同时，利用激光干涉仪测量悬挂电极位置的变化，从而得到电容值随悬挂电极变化之间的函数关系。

需要特别注意的是可动电极的引出线不能影响天平边刀的解耦作用。为了解决这个问题，天平的可动电极的引出线经边刀游丝固定到天平横梁上，然后再经中刀游丝接出。其中，游丝采用 0.05mm 漆包线绕制，如图 3.19 所示。

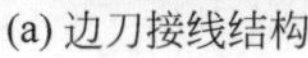
(a) 边刀接线结构

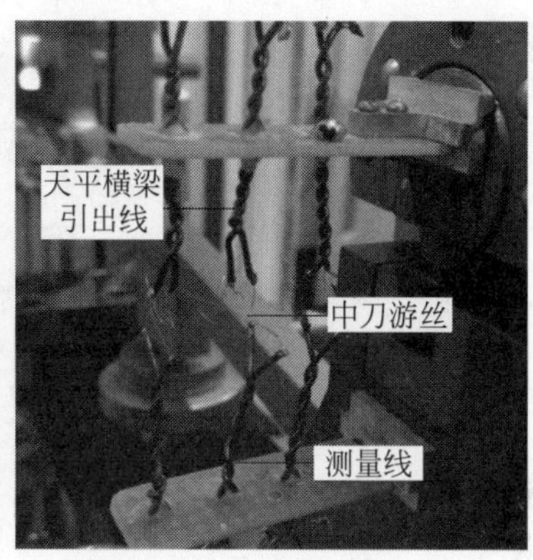

(b) 中刀接线结构

图 3.19　悬挂电极引出线结构图

3.5　直流电压源的研制

在实现摆动周期法的相关测量任务时，需要一个高准确性、能输出 kV 量级直流电压的电压源。在精密测量中，直流约瑟夫森电压基准（Josephson voltage standard，JVS）只能校验 10V 或 10V 以下的直流电压[18,123,124]。当电压高于 10V 时，必须采用分压器进行校验和测量。常见的分压器主要分为两种：电容分压器[125,126] 和电阻分压器[55,127]。而在实现摆动周期法的测量系统中，高压电压源的负载几乎为纯电容性的，故在高精度电压源的设计中，必须采用电阻分压器。

本论文工作中所研制的直流电压源的原理电路如图 3.20 所示。该电源电路主要包括 3 个部分，即主电源电路、反馈电路和电阻分压器。主电源电路提供基本的直流电压，反馈电路将该直流电压转变为 100μA 的恒

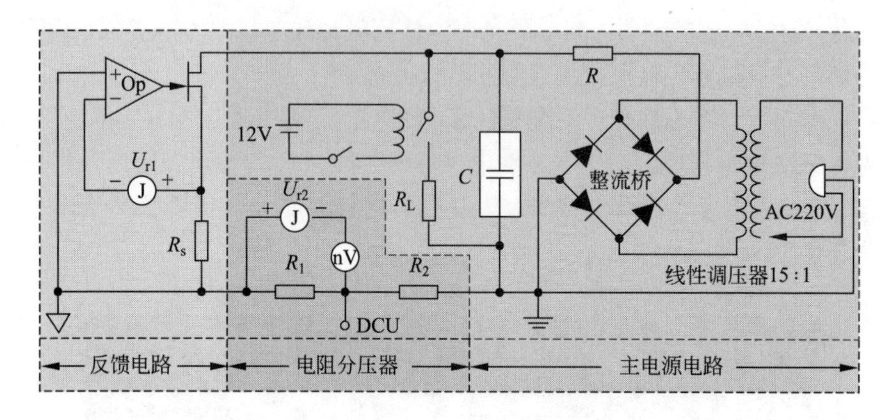

图 3.20　所研制高压电压源的原理电路

流源，电阻分压器则作为该恒流源的电阻性负载。恒流电路中，电流是 $I=U_{r1}/R_s$，则电阻 R_2 上的电压为

$$U_2 = \frac{R_2}{R_s}U_{r1} \tag{3.11}$$

从式 (3.11) 可以看出，R_2 上的电压即输出电压 U_2 的稳定性主要取决于电阻分压器的比例 R_2/R_1、采样电阻 R_s 以及参考电压 U_{r1} 的稳定性。由于采样电阻 R_s 和参考电压 U_{r1} 的量值均较容易达到很高的准确性，因此所研制的高压直流电压源的准确性主要由电阻分压器的准确性决定，必须在电路设计中加以考虑。在如图 3.20 所示的设计中，电阻分压器比例 R_2/R_1 被确定为 160∶1，其温度系数 (temperature coefficient ratio，TCR) 和电压系数 (voltage coefficient ratio，VCR) 都比高电压 (例如 100kV) 情况时有大幅改善。理论上，1.6kV 的直流电压源的准确性可以达到 10^{-8} 量级。

所研制的高压电压源的主电源由 220V 工频交流电经调压器、1:15 调压器、整流桥以及滤波电容器 C 提供，其输出直流电压范围为 0~3000V。其中，限流电阻 R=100Ω，其额定功率为 100W。限流的目的，是防止电容充电电流过大将整流二极管烧毁。整流桥中的二极管选用高耐压的型号，每个二极管的额定耐压均为 10kV，额定电流为 0.5A。电容器的电容值 C=5000μF，其包含 3 组并联电容器，每组由 6 个耐压 450V、名义值为 10000μF 的电容器串联而成，每个电容器还并联 1 个 50MΩ 的均压电阻。电阻 R_L=2kΩ，其作用是在关闭电压源后消耗电容器上残存的电能，额定功率为 3000W。电阻 R_L 的接通或断开，由一个耐压为 10kV 的高压开关控制，低压侧的控制电压为 12V，保证了操作的安全性。

本论文工作所研制的精密电压源对一般电压源设计的最大改进是，电压源的反馈部分被设计在高压侧。这是因为若反馈部分被设计在低压侧，电压源输出的直流电压低压端对地电位至少为 10V，在静电力测量过程中，倘若地电位分布（可动电极的对地电容）发生变化，则会产生一定的测量误差。而如图 3.20 所示的设计中，将反馈部分设置在高压侧，电压源输出的直流电压的低压端始终为地电位，即使地电位分布（可动电极的对地电容）发生变化，也不会产生静电力。本论文研制的电压源反馈电路采用 100μA 恒流源设计方案。参考电压 U_{r1} = 10V，用精密直流电压参考 732B 源的 10V 输出端提供电压。采样电阻 R_s = 100kΩ，采用四端钮方式连接。采样电阻 R_s 上的电压与参考电压 U_{r1} 对减后，反馈到精密运算放大器的反相输入端。由于精密运算放大器的正相输入端接地，故电源处在稳态条件下，取样电阻上的电压降始终维持与 U_{r1} 相同，主电源回路的电流始终为 100μA。由于主电源是调压器升压后经过整流得到的，在对其进行调节时，会存在较大的幅值波动。这就要求接在精密运算放大器输出端的调整用场效应管的漏极（D）与源极（S）之间必须能承受主电源调节时可能出现的电压波动。本文工作中，在电压源设计研制时所选用的场效应管的型号为 IRFP460，其漏极（D）与源极（S）之间的耐压为 500V。

调整用场效应管的漏极与源极之间可承受 500V 电压这一特性，为所研制的电压源的工作提供了另一种可能的思路：利用电容器储存电能的特点，可使电源电路在直流条件下工作，从而可降低电压源输出电压中的噪声。针对于此，在电压源的设计上，要求其实现如下机理：先使平波电容器过充电，从而让调整用场效应管的漏极与源极之间的电压达到约 400V（留 100V 做操作裕量）；然后，断开交流电源，主电路将在电容器上的残压下继续工作。由于主电路的功率消耗被设计得仅为约 160mW，故在电容器残压下，该电源电路仍能正常工作约 2h。所研制的高压电压源试验的具体测量结果显示，在交流供电条件下工作，该电压源输出电压的噪声约为 10μV/V；而采用上述的电容残压工作方式，其输出电压的噪声可降低至约 1μV/V。

所设计的电阻分压器的分压比为 $R_1 : R_2 = 1 : 160$，其中 $R_1 = 100\text{k}\Omega$，$R_2 = 16\text{M}\Omega$。在具体实现上，R_2 由 160 个 100kΩ 电阻器串联而成，其拓扑结构如图 3.21 所示。在该拓扑结构中，流经 R_2 的 100μA 电流呈 S 形分布，可有效减小回路面积，降低外界电磁干扰对电阻分压器准确性的影响。同时，这样的拓扑结构使得相邻电阻之间的最高电压低于 200V，可减小泄漏电流对电压源准确性的影响。

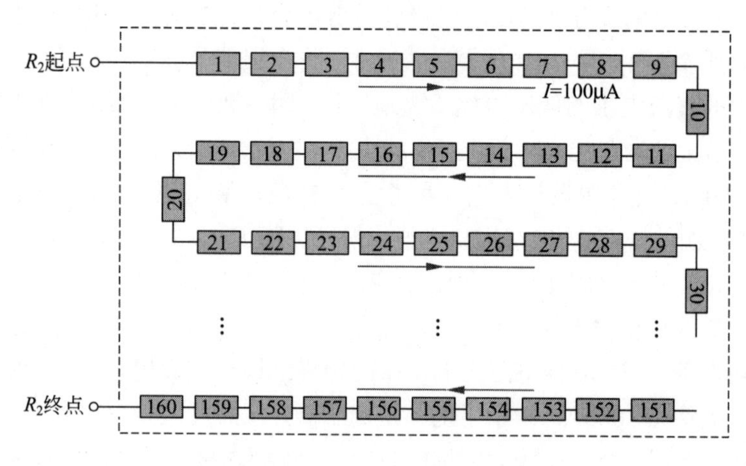

图 3.21　电阻 R_2 拓扑结构图

构成 R_s、R_1 和 R_2 的所有电阻器均是同一型号的电阻器（RXI 线绕型）。在实际设计研制中，每个电阻器都经过了仔细挑选，它们的 24 h 稳定性小于 0.5×10^{-6}（如图 3.22 所示），温度系数均小于 1×10^{-6}/℃（如图 3.23 所示）。

本论文在优选构成电阻 R_s、R_1 和 R_2 的具体电阻器的温度系数时，尽量使得各 100kΩ 电阻器的温度特性一致。考虑电阻由于自身发热和环境温度变化的影响，实际输出的电压 U_2 和测量所得电压 U_1（电阻器 R_1 上的压降）可分别表征为

$$\left.\begin{aligned} U_2 &= U_{\text{r1}}\frac{R_2(1+\vartheta_2\Delta T)}{R_s(1+\vartheta_s\Delta T)} \\ U_1 &= U_{\text{r1}}\frac{R_1(1+\vartheta_1\Delta T)}{R_s(1+\vartheta_s\Delta T)} \end{aligned}\right\} \tag{3.12}$$

其中，ϑ_s、ϑ_1 以及 ϑ_2 分别为电阻 R_s、R_1 和 R_2 的线性温度系数；ΔT 表

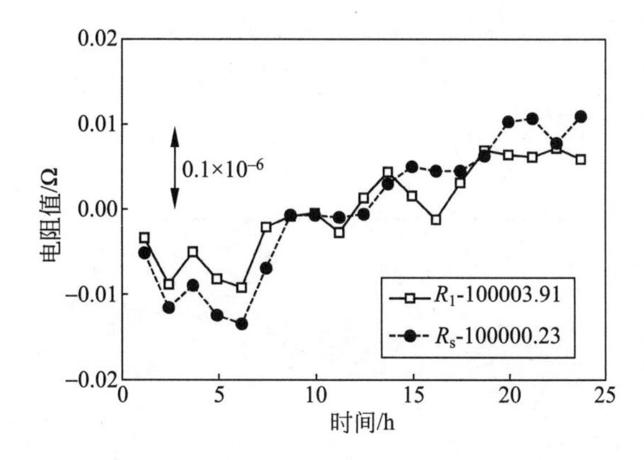

图 3.22　电阻 R_1 和 R_s 的 24h 稳定性测量结果

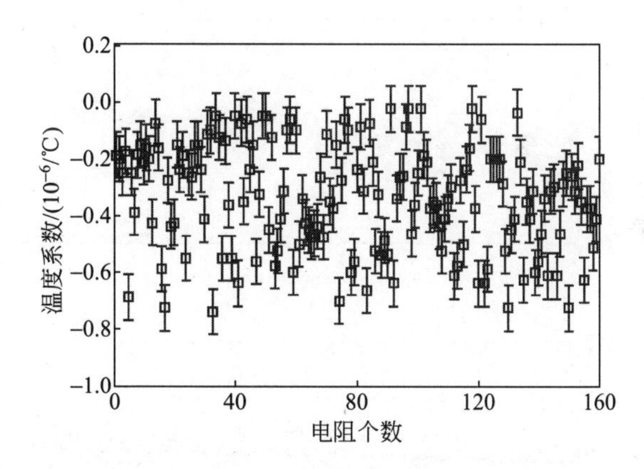

图 3.23　构成 R_s、R_1 和 R_2 的所有电阻器的温度系数测量结果

示由于电阻发热和环境变化引起的温度改变量。从式 (3.12) 可知，选用相似温度系数的电阻器去组成 R_s、R_1 和 R_2，可有效减小由于温度改变给电压测量准确性带来的不良影响。

从图 3.23 可见，本论文所选的组成 R_s、R_1 和 R_2 中电阻器的温度系数均为负值。基于前述可知，这样的优选结果，可增加 Kelvin 电容器两电极之间电压的稳定性。为进一步验证上述分析，从优选出的 100kΩ 的电阻器中，任选 2 个（记为 R_A 和 R_B）对其进行测量。测量时，电阻器 R_A 和 R_B 上均施加 10V 的直流电压，测量所得的 R_A 和 R_B 的电阻值及两者比例在 10h 内的测量结果如图 3.24 所示。该测量结果显示，电阻器 R_A

和 R_{B} 的阻值随时间变化的斜率分别为 $0.013 \times 10^{-6}/\mathrm{h}$、$0.011 \times 10^{-6}/\mathrm{h}$，而两者比例的变化为 2.5×10^{-9}，即优选后，电阻器抵御外界或自身温度变化的能力提高了约 5 倍。

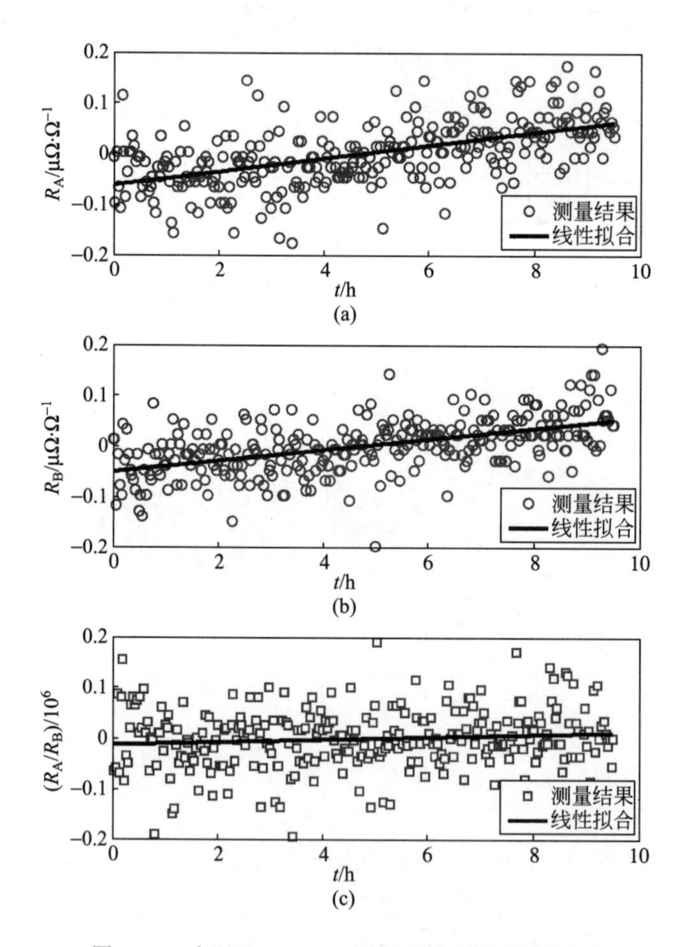

图 3.24 电阻器 R_{A}、R_{B} 及两者比例的测量结果

在本文工作中，对电阻 R_2，采用一种简单的级联方式进行校准，即在开路状态下扫描构成它的每个电阻器的阻值，然后将每个电阻器的阻值相加。由于连接导线的电阻一般在 mΩ 量级，故按这种方式得到的电阻值受导线的影响约为 10^{-8} 量级。经过从几百个电阻器中的仔细挑选，被选中使用的每个电阻器的 24h 内相对稳定性都优于 0.07×10^{-6}，如

图 3.25 所示。

为实现摆动周期法，需要测量不同电压下摆动天平系统的摆动周期，故在电阻分压器中电阻 R_2 的具体级联构成链上，要有若干个抽头，具体地，从它们处输出的电压分别为 700V、1000V、1200V、1400V 和 1600V。采用上述的所谓级联法得到的不同抽头电阻值的校准结果见表 3.2。

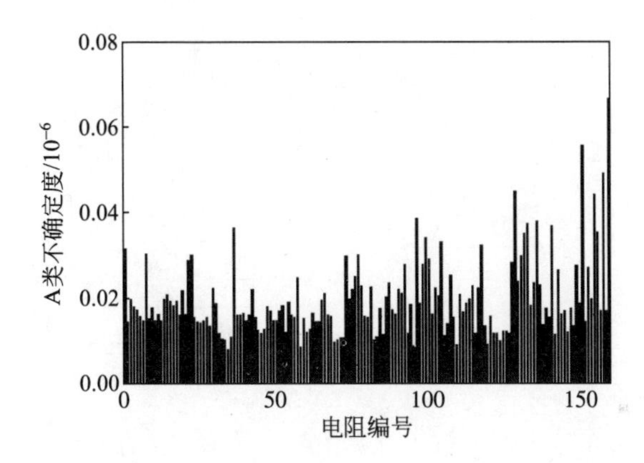

图 3.25　构成 R_2 的所有电阻器的 A 类不确定度（标准差）

表 3.2　电压源中 R_2 不同抽头电阻的校准结果

输出电压/V	电阻值/Ω	A 类不确定度/10^{-6}
700	7000120.76	0.22
1000	10000189.76	0.24
1200	12000219.19	0.25
1400	14000258.59	0.26
1600	16000309.42	0.28

表 3.2 中 R_2 不同抽头电阻的 A 类不确定度 u 可按下式进行评估，即

$$u(R_2) = \sqrt{\sum_{i=1}^{N} u^2(R_i)} \tag{3.13}$$

其中，$u(R_i)$ 为每个电阻器阻值的测量不确定度（如图 3.25 所示）；N 为电阻器个数。测量得到电阻 R_1 的阻值为 100003.914(5)Ω，电阻 R_s 的阻

值为 100000.238(5)Ω。参考电源 U_{2r} 的电压值为 10.000273(1)V。图 3.26 给出了所研制的电压源在空气中稳定性的测量结果，可见在 8h 内，其电压输出的稳定性约为 10^{-6}，较好地满足了摆动周期法原理验证性试验对电压源电压测量准确性的要求。

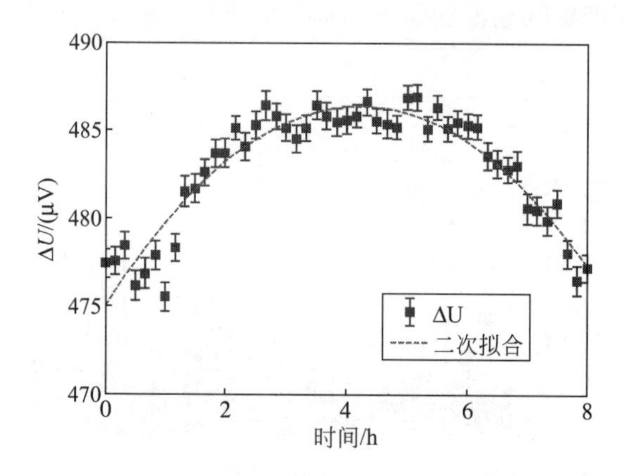

图 3.26　所研制高压电源短期（8h）稳定性的测量结果

3.6　悬挂电极定位系统

欲得到电容函数 $\sum C(z)$ 对竖直距离二次微分系数 κ 的值，必须要测量电容 $C_{12}(z)$ 和 $C_{13}(z)$ 随竖直距离变化的函数，即要通过控制悬挂电极停在不同的位置，测量电容 $C_{12\mathrm{A}}(z)$、$C_{12\mathrm{B}}(z)$、$C_{13\mathrm{A}}(z)$、$C_{13\mathrm{B}}(z)$ 的值以及悬挂电极的确切位置 z。为了保证测量的准确性，应在测量过程中保证悬挂电极在任一被确定的位置下，其竖直位置不发生改变。为此，本论文工作中专门设计了如图 3.27 所示的悬挂电极控制系统。

图 3.27 所示的悬挂电极控制系统的电路采用开路设计，这是因为摆动天平是一个高 Q 值系统，对其悬挂电极控制部分采用开路式设计，可保证摆动天平系统具有快速的响应特性。在该电路的设计研制上，选用的 20 位数-模转换器芯片 DAC 由计算机控制，可提供 $-5\mathrm{V} \sim +5\mathrm{V}$ 的模拟电压。该电压经电压-电流转换电路转化为电流，并输入到执行器的线圈中。当 DAC 输出的电压固定时，执行器线圈中的电流也保持不变，摆动天平的横梁也就可以保持在相应的固定位置上不动。但实际上，执行器采

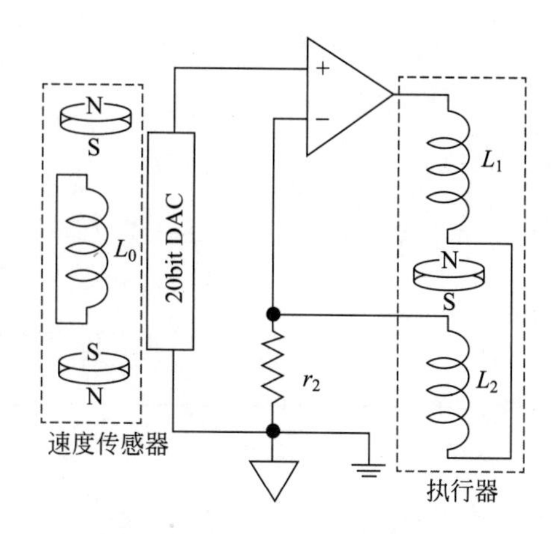

图 3.27　悬挂电极控制系统的原理电路

用开磁路设计存在缺点，即其抗外界电磁干扰的能力会比较弱。外界的杂散或脉冲磁场，会对执行器造成冲击响应，而对于高 Q 值系统而言，这种冲击难以快速衰减完毕。为了减小外界电磁干扰对系统测量的影响，本文工作中将速度传感器中的感应线圈做短路处理。如此，即使外界电磁干扰对摆动天平系统造成冲击，速度传感器中的感应线圈短路产生的感应电流会迅速消耗冲击能量，从而可使得系统保持在比较稳定的状态。图 3.28 给出了悬挂电极控制电路在速度传感器开路和短路条件下对外界固定干扰的抵抗效果。可以看出，将速度传感器中的感应线圈短路，能快速消耗外界冲击的能量。

图 3.27 所示的控制电路的功能，是为了让悬挂电极处于稳定的位置，通过对一系列位置值和电容值的测量，最终可确定电容函数 $\sum C(z)$，进而能根据第 2 章中给出的计算公式求解出摆动天平在平衡位置时电容对竖直距离的二阶导数值 κ。从图 3.28 可以看出，即使将速度传感器短路，电容测量的准确性也仅为 10^{-4} 水平。为了提高电容系数 κ 的测量准确性，必须进一步提高函数 $\sum C(z)$ 的测量稳定性。

研究注意到，提高电容测量准确度的方法主要有两种：一种是基于硬件电路设计，即采用更加精密的控制系统，例如采用光学 PID 控制，可将悬挂电极位置的稳定性控制在 0.1μm 范围内；另一种方法则是基于数学计算模型，即建立函数 $\sum C(z)$ 的数学模型，同时测量电容和激光的

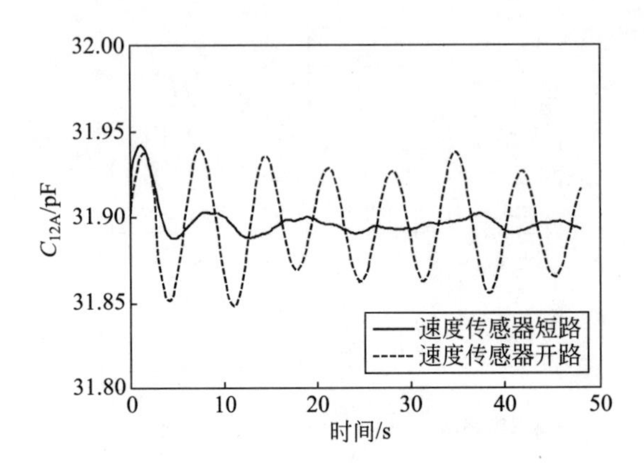

图 3.28 速度传感器短路和开路的控制效果

位置，并根据两者的相关性直接求解出 κ 的值。实际上，上述这两种“硬件”和“软件”的方法可结合在一起。其中，采用基于数学模型的方法，可以在硬件测量水平的基础上将 κ 值的测量准确性提高 1~2 个数量级。因此，在验证摆动周期法的基本原理阶段，若将上述两种方法加以结合，仍可采用图 3.27 所示的控制电路。

图 3.29 给出了输入到执行器中的电流为 5mA 时，电容 $C_{12A}(z)$ 随悬挂电极位置 z 变化的函数关系曲线。可以看出，z 在 $0\sim3\mu m$ 的范围里，电容 $C_{12A}(z)$ 和悬挂电极位置之间近似满足线性关系。这是因为在小的范围内，函数 $\sum C(z)$ 总可以用局部线性化函数来表征。采用函数相关

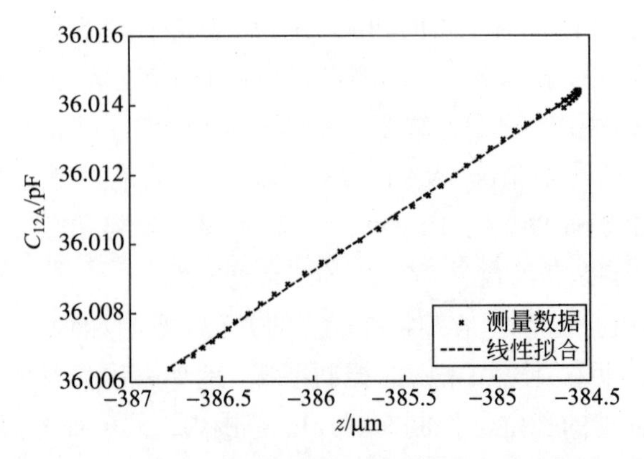

图 3.29 电容 $C_{12A}(z)$ 的值随悬挂电极距离 z 变化的特征曲线

算法修正后的电容测量结果和未经修正的电容测量结果都给在了图 3.30 中。可见，未加修正时，电容值的波动性（峰-峰值）约为 8×10^{-3}pF；而增加修正后，电容 $C_{12\mathrm{A}}(z)$ 的值的波动峰-峰值为 3×10^{-4}pF。这表明，采用相关修正的方法，可以使得电容测量的稳定性提高约 26 倍。

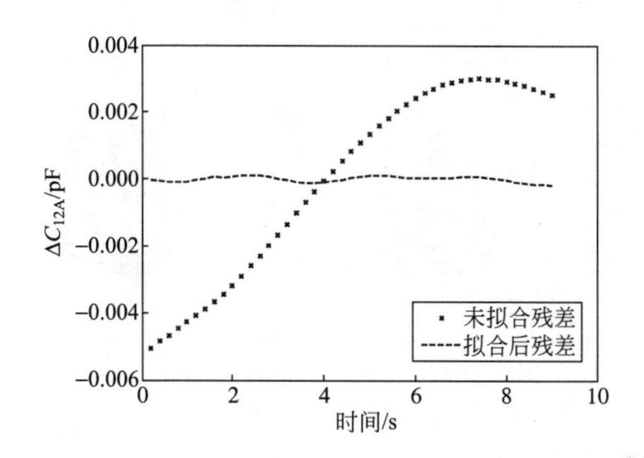

图 3.30　电容 $C_{12\mathrm{A}}(z)$ 未被修正和修正后的测量稳定性的对比

3.7　摆动周期测量系统

摆动周期是实现摆动周期法中基本的被测量对象。实现摆动周期法原理的摆动周期测量系统如图 3.31 所示。

本文工作中，该测量系统所利用的源信号为速度传感器的输出信号，由于机械运动信号信噪比较差，故速度传感器输出信号首先经放大后输入到一个低通滤波器中。滤波后的信号，经过正弦-方波信号转换器转换为方波信号。方波信号直接输入到频率计中触发计时，并测量摆动周期。最后，测量得到的摆动周期数值经数字采集卡传输到计算机 LabVIEW 程序中显示并记录。

在实际搭建上述系统时，放大和滤波环节选用的是商用滤波器 SR650 来实现的，实际测量所得的频率特性如图 3.32 所示。使用时，设置该滤波器的放大倍数为 20dB，截止频率为 10Hz。正弦波转换为方波的功能模块采用的是基于 NE555 芯片的电路。对摆动周期的测量采用的是商用精密频率计 SR620。

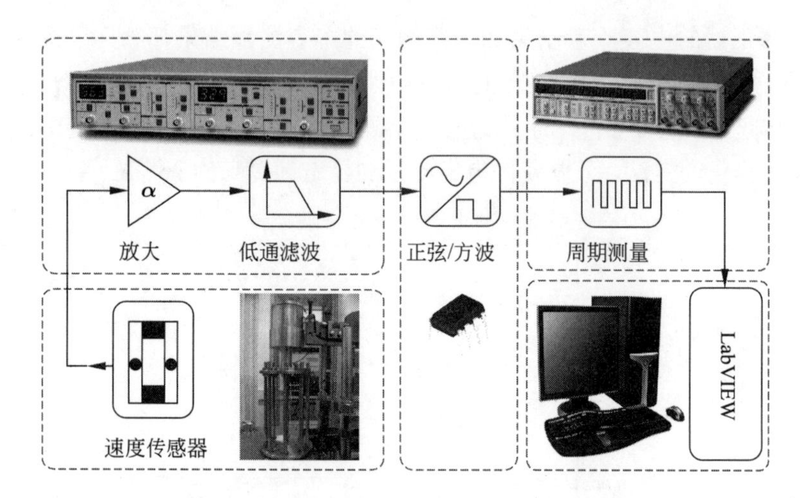

图 3.31　实现摆动周期法的摆动周期测量系统

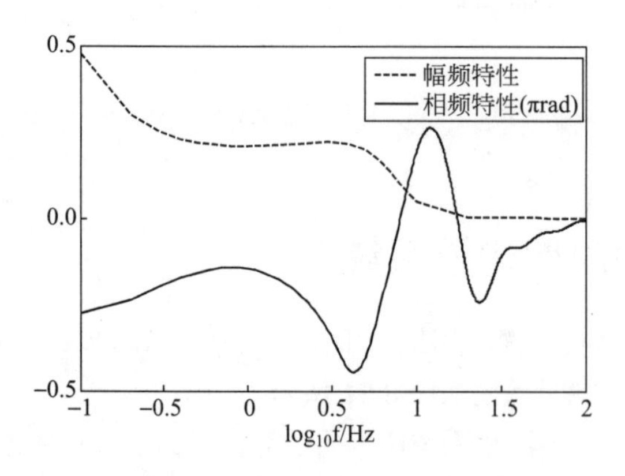

图 3.32　商用数字滤波器 SR650 的频率特性曲线

为了确定周期测量系统的性能，本文工作中采用精密信号发生器发生频率为 0.1Hz、峰-峰值为 0.2V 的正弦交流信号（以模拟速度传感器输出的信号）作为放大环节的输入信号。在此信号激励下，所得到的周期 T_s 的测量结果如图 3.33 所示。测量结果显示，4 小时测量所得周期数据的平均值为 10.0000017s，与期望值的偏差为 0.17μs/s。图 3.33 所示测得信号数据的分散性较大，其噪声的峰-峰值约为 50μs/s，平均值的标准偏差为 5μs/s。分析其原因，是由于低频小幅值信号在过零点处十分平坦，由此会导致经转化得到的方波信号的触发沿出现微小的抖动。

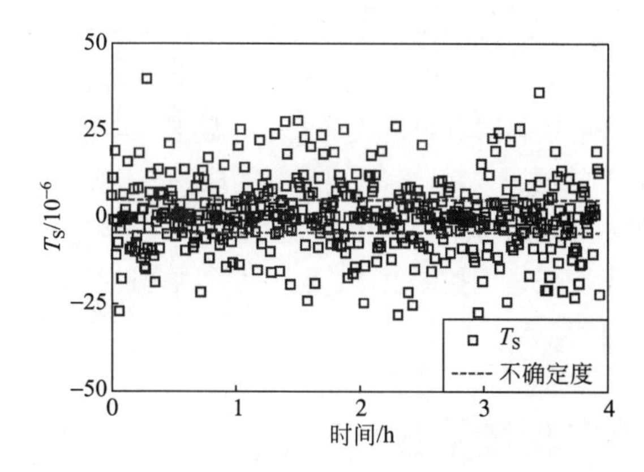

图 3.33　对周期测量系统性能的测量结果

3.8　自动加、减砝码系统

为实现摆动周期法，需要测量摆动天平系统在加载不同质量砝码下的摆动周期。为实现不同质量砝码的同步加载，本文工作中设计研制出一种基于 PLC 控制的自动加、减砝码系统。摆动天平系统的砝码秤盘以及自动加载砝码的控制系统的原理结构如图 3.34 所示。

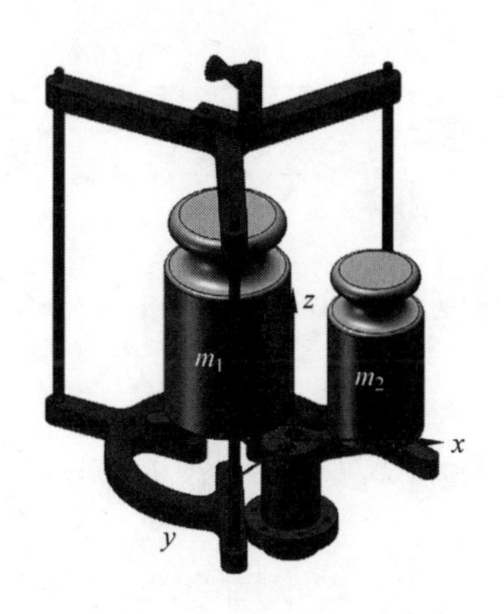

图 3.34　自动加、减砝码装置

摆动天平系统的砝码秤盘，通过十字结与天平的边刀相连。控制台可以沿 z 轴方向升降，且也可沿 xy 平面方向旋转。空载下操作控制平台时，仅需将砝码秤盘上的砝码顶起（如图 3.34 所示状态）；加、减质量为 m_1 或 m_2 的砝码时，应先判断控制状态，若为空载，则需将相应的砝码旋转至秤盘上方，并将砝码同时向下放至天平秤盘上；若处在载荷状态，则需先将天平秤盘上的砝码顶起，再将要加载的砝码旋转至天平秤盘上方，最后将要加载的砝码向下放至天平的秤盘上。摆动天平系统的开关和砝码自动加、减程序被烧录至控制器中。加、减载砝码的控制指令，通过继电器由上位机进行控制。

3.9　自动化测量平台

实现摆动周期法的试验过程分为两个测量模式，即电容系数测量模式和摆动周期测量模式。这两种测量模式下，上述各个功能子系统之间的配合关系如图 3.35 所示。当测量系统处于电容系数测量模式时，控制开关 K_1 闭合，开关 K_2 打开。此时，通过上位机控制 20 位的数模转换器 DAC 的输出电压，经过 U/I 转换电路的变换，将 DAC 输出电压转化为固定的电流并输入到执行器中；同时，用商用变压器电容电桥 AH2700A 分别测量 $C_{12\mathrm{A}}(z)$、$C_{12\mathrm{B}}(z)$、$C_{13\mathrm{A}}(z)$、$C_{13\mathrm{B}}(z)$ 与悬挂电极位置 z 之间的函数关系。

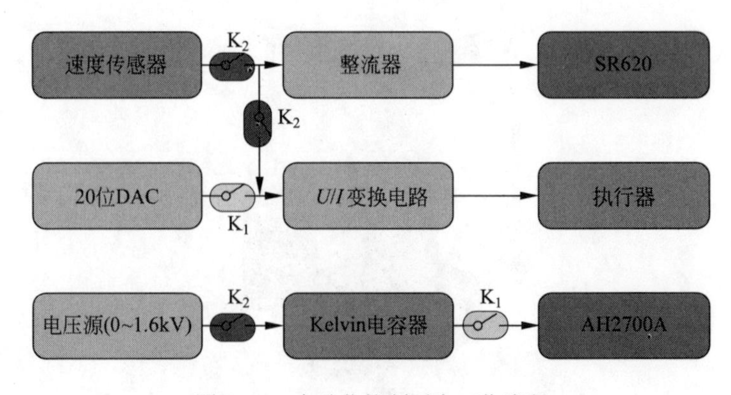

图 3.35　自动化控制平台工作流程

当测量系统处于周期测量模式时，控制开关 K_2 闭合，开关 K_1 打开。此时，速度信号一方面输入到整流器中被转化为方波信号，得到的方波信号触发精密频率计 SR620，对摆动天平系统的摆动周期进行测量；速度

信号同时输入到 U/I 转换电路，将速度信号转化为电流输入至执行器中，以补偿摆动天平系统在摆动中由阻尼引起的能量损耗；测量摆动周期时，需要在 Kelvin 电容器上施加相应的直流电压。

对实现摆动周期法的两个测量模式的控制和切换，均由虚拟仪器设计软件 LabVIEW 实现自动控制。试验时，仅需输入相应的测量参数，测量过程全部可自动完成。得到相应的测量数据后，可由 Matlab 程序对数据进行后处理。

3.10　本章小结

本章讨论摆动周期法中若干测量子系统或关键试验装置的研制、优化和性能评估试验，得到的主要结论包括：

（1）在分析比较的基础上，研制出一种铁芯式涡流位移传感器，测量结果表明，其灵敏度约为 12.5μV/μrad，分辨率和稳定性均优于 8 μrad；研制出一种闭磁路、无阻尼的感应式线性速度传感器，可为摆动天平系统的能量补偿和摆动周期的测量提供原始测量信号。

（2）提出了一种负阻尼能量补偿的技术实现方案。具体通过直接速度反馈，可任意控制摆动天平系统的能量。在所研制的速度传感器和执行器的基础上，对负阻尼能量补偿方案进行了验证、优化后，摆动天平系统的能量损耗约为 0.2dB/min，如此既能保证摆动天平系统摆动较长的时间，又可根据其摆动周期与摆幅的关系，测量摆动天平系统的非线性。

（3）提出了一种新的 Kelvin 电容器产生静电力的接线方式。采用该接线方式，可避免传统 Kelvin 电容器系统中心电极和保护电极同时移动时的困难，使得为验证摆动周期法所需静电弹性力的实现过程大大简化。

（4）研制出一套基于电阻分压器的精密直流高压电压源。该电压源中电阻分压器的分压比为 1∶160，通过对组成电阻分压器所有电阻器的优选等，明显提高了该直流电压源的稳定性和抗干扰能力。提出了一种利用调整管的漏极与源极之间残压驱动所研制的直流电压源的工作模式，使信噪比在原基础上降低至 1/10。研制的直流电压源 8h 内的稳定性优于 10^{-6}。

（5）提出并研制了一种软硬件相结合的悬挂电极定位系统。在开环控制的基础上，将速度传感器短路，当作阻尼器，大幅提高摆动天平系统抵御外界干扰的能力。通过测量电容量值与悬挂电极位置的相关性，将电容测量的稳定性在原来基础上提高约 26 倍。

（6）搭建了实现摆动周期法的摆动周期测量系统、自动加减砝码系统以及自动化测量平台，实现了验证摆动周期法的相关测量的自动化，为第 4 章讨论摆动周期法原理验证以及开展整体调试试验提供了硬件保证。

第 4 章　试验结果及其不确定度分析

4.1　天平灵敏度和等臂性验证

为实现摆动周期法而构建的摆动天平系统的模型中，有 3 个基本的假设条件：①左、右秤盘砝码的质量完全相等，即 $m_1 = m_2$；②天平左、右臂长度完全相等，即 $L_1 = L_2$；③摆动天平系统的摆角 $\theta \to 0$。其中，第 3 个条件可采用局部线性外推的方法实现。而这里，主要来验证条件①和条件②的准确性。在试验中，使用等级为 E_2 的砝码，砝码质量量值由中国计量科学研究院力学所负责检定，其检定结果见表 4.1。可以看出，不同砝码的质量的相对不确定度均约为 5×10^{-7}，相同名义质量值的砝码的相等性优于 1×10^{-6}。

表 4.1　所使用砝码质量的检定结果

标称质量/g	修正量/mg	实际值/g	不确定度/mg
2000	0.6	2000.0006	1.0
2000	−0.8	1999.9992	1.0
1000	1.0	1000.0010	0.5
1000	0.6	1000.0006	0.5
400	0.23	400.00023	0.20
400	0.52	400.00052	0.20
200	0.15	200.00015	0.10
200	0.19	200.00019	0.10

对于普通的等臂天平，称重时应满足如下力矩平衡方程式：

$$\Delta m = \frac{M_0 l \tan\theta}{L} \tag{4.1}$$

其中，Δm 为加到天平秤盘上小砝码的质量；M_0 为天平横梁的质量；l 为天平横梁重心到中刀刀口的距离；L 为天平横梁臂长；θ 为天平横梁的摆角。使用普通称重天平称质量时，一般要将 l 调节为一个很接近零的值。此时，即使在秤盘上放上很小的砝码 Δm，天平横梁也会有比较大的摆角，即普通天平具有比较高的灵敏度。

而对本论文所研制的摆动天平而言，其横梁的重心下沉至中刀刀口正下方处（$\delta > l$），这样的设计显然会使得摆动天平的灵敏度下降。但由于所确定采用的 Kelvin 电容器系统对竖直方向位移变化十分敏感，故 Kelvin 电容器系统能较好地弥补由于摆动天平横梁重心下沉而造成的天平灵敏度的下降，甚至在一定程度上改善摆动天平的灵敏度。

图 4.1 给出了在摆动天平的左盘和右盘分别加、减 50mg 和 100mg 砝码条件下，左侧 Kelvin 电容器的电容值 C_{12A} 变化情况的特征曲线。其中，横坐标和纵坐标分别表示摆动天平左秤盘和右秤盘中砝码的质量。从测量结果可以看出，C_{12A} 对砝码质量的微分系数为 0.012pF/mg。而变压器电容电桥（AH2700A）测量电容的准确性为 5×10^{-6}，即 0.00018pF。因此，理论上讲，所研制的试验用摆动天平的灵敏度可以达到 15μg。但由于试验装置采用的摆动天平的准确性设计指标约为 1mg，因此在实施测量中，所设定的摆动天平系统的准确性为 1mg，即在 kg 量级砝码下，m_1 和 m_2 的误差约为 $10^{-6} \sim 10^{-7}$ 量级。

为了验证第二个假设条件，本文工作中设计了如下试验，即在摆动天

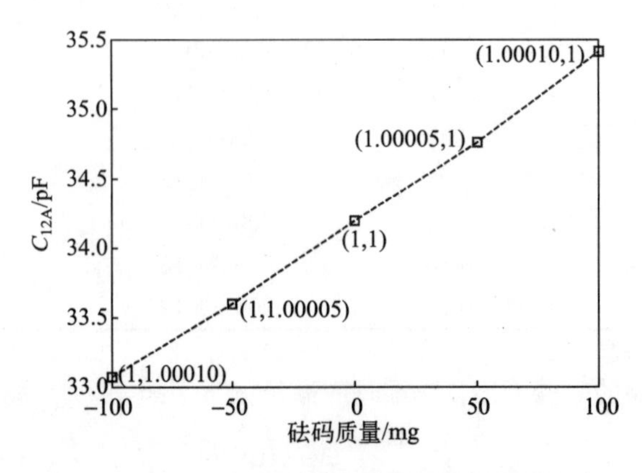

图 4.1 摆动天平的灵敏度试验结果数据及曲线

平的左、右秤盘分别为空载、加载 1kg 砝码和加载 2kg 砝码 3 种情况下，测量电容 C_{12A} 的值，测量结果如图 4.2 所示。空载时，电容 C_{12A} 的值为 34.2066pF；加载 1kg 砝码和 2kg 砝码条件下，C_{12A} 分别变为 34.2136pF 和 34.1985pF，即该电容的变化量分别为 0.007pF 和 -0.0081pF。图 4.1 显示出，所研制的试验用摆动天平系统的灵敏度约为 0.012pF/mg，即该试验用摆动天平能检测到的砝码相等性优于 1×10^{-6}。根据等臂天平方程 $m_1gL_1 = m_2gL_2$ 可知，该试验用摆动天平的等臂性也优于 1×10^{-6}。

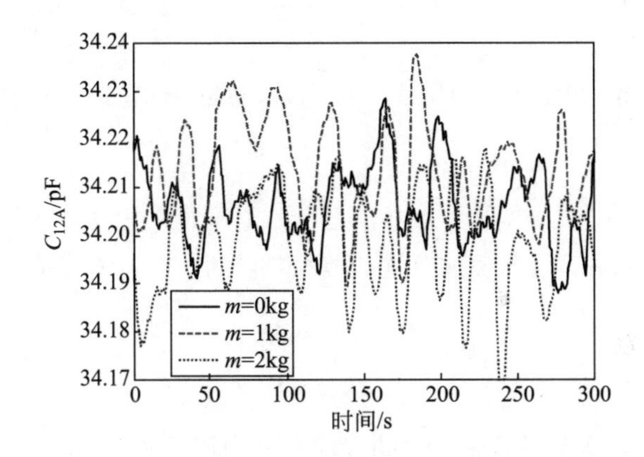

图 4.2 试验用摆动天平系统等臂性试验验证结果曲线

4.2 摆动周期的测量结果

摆动周期是实现摆动周期法中最重要的测量量之一。需要测量的摆动周期量值主要涉及两种情形：① Kelvin 电容器在不加电压的情况下，不同砝码对应的摆动天平系统的摆动周期 T_N；②天平左、右秤盘上加载相同砝码，在 Kelvin 电容器上施加不同电压条件下试验用摆动天平系统的摆动周期 T_U。在上述两种不同条件下测量试验用摆动天平系统的摆动周期时，均需要考虑摆动周期的非线性。如此，在测量试验用摆动天平的摆动周期时，必须要同时测量该试验用系统天平横梁的摆动幅度。

图 4.3 中给出的是 Kelvin 电容器不加电压，试验用摆动天平系统加载 1kg 砝码条件下，经测量得到的天平摆动周期与横梁摆动幅度之间的函数关系。测量结果显示，在电容器不加电压条件下，天平摆动周期的非

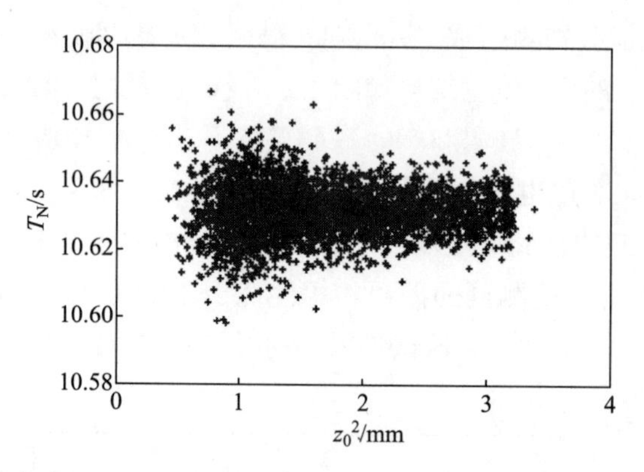

图 4.3　电容电压 $U = 0$V、砝码质量 $m = 1$kg 条件下试验用天平摆动周期的测量结果

线性小于 1×10^{-6}。这是因为电容器不加电压时，摆动天平方程的周期与摆动幅度的关系满足一般的单摆或复摆的特性，即可表征为

$$T_{\mathrm{N}} = T_{\mathrm{N0}}\left(1 + \frac{\theta_0^2}{16} + \cdots\right) \tag{4.2}$$

其中，T_{N} 为摆动天平系统的摆动周期；θ_0 为该天平横梁的摆动幅度；T_{N0} 为用摆动周期与摆动幅度经外推得到的“零”摆动幅度下的摆动周期值。对试验用摆动天平系统而言，天平横梁摆动的幅度约为 2mm，对应的摆角为 4mrad，因此相应的二次项的影响小于 1×10^{-6}。

从图 4.3 可以看出，在摆动天平系统的摆动幅度较小的情况下，试验所测得的摆动周期的数据分散性较大。分析认为，摆动天平系统的摆动幅度越大，速度传感器信号过零点的斜率便越大，经正弦转换方波模块而得到的周期测量触发信号的上升沿更加稳定，因而摆动周期测量数据也更加准确。

图 4.4 中给出了在相同试验条件下，式 (4.2) 外推得到的 T_{N0} 量值历时 5d 的测量结果。从这些测量结果可以看出，单次周期测量的稳定性约为 10^{-5} 量级，但 5 次测量结果的重复性约为 8×10^{-6}。

图 4.5 中给出的是 Kelvin 电容器电极上加 1000V 电压、试验用摆动天平系统加载 1kg 砝码条件下，经测量得到的试验用摆动天平系统的摆动周期 T_{U} 与摆动幅度 θ_0 之间的关系。试验测量结果显示，Kelvin 电容

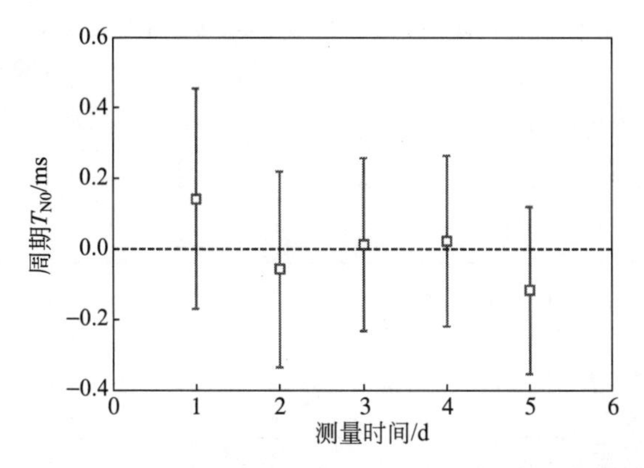

图 4.4　电容电压 $U = 0$V、砝码质量 $m = 1$kg 条件下摆动周期稳定性的测量结果

器加电压后，试验用天平系统摆动周期的非线性特征明显变强。在 2mm 的摆动范围里，施加的电压 $U = 1000$V 的条件下，天平摆动周期的非线性约为 1%。该测量结果与第 2 章中理论分析的结果相吻合。

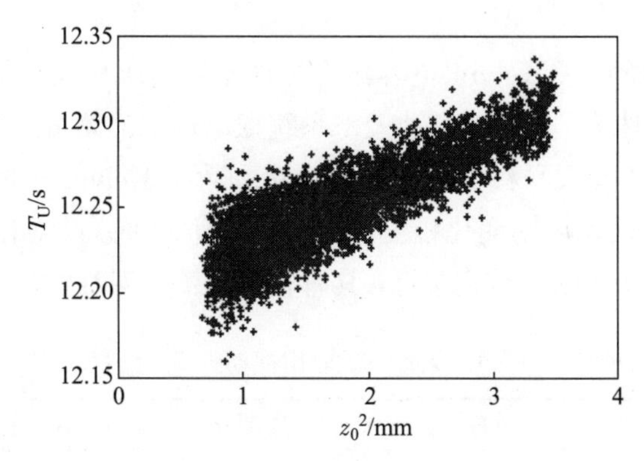

图 4.5　电容电压 $U = 1000$V、砝码质量 $m = 1$kg 条件下天平摆动周期的测量结果

图 4.6 给出了 Kelvin 电容器电极上加 1000V 电压、试验用摆动天平系统加载 1kg 砝码条件下，对测量得到的摆动周期 T_U 经外推得到“零”摆动幅度下的摆动周期值 T_{U0} 实施多次测量结果的重复性，6 次测量结果平均值的标准偏差为 30μs/s。与未施加电压的情况相比，Kelvin 电容器施加电压后，天平摆动周期测量结果的分散性变大了 2 倍。根据本论文

第 2 章的理论分析，当 Kelvin 电容器极板上施加电压后，摆动天平系统非线性增强，此时用以描述摆动周期与摆动幅度平方之间关系直线的斜率变大，外推所得的 T_{U0} 准确性也随之下降。因此，加载电压后天平摆动周期测量结果分散性会变大。

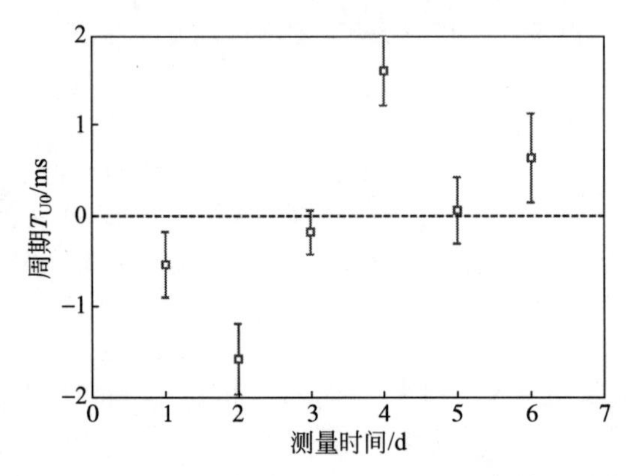

图 4.6　电容电压 $U = 1000\text{V}$、砝码质量 $m = 1\text{kg}$ 条件下摆动周期稳定性的测量结果

表 4.2 中给出了 Kelvin 电容器上施加不同电压和天平秤盘上加载不同质量砝码条件下，试验用摆动天平系统摆动周期的测量结果。从测量结果可以看出，改变天平秤盘上的砝码质量和改变 Kelvin 电容器电极两端电压所引起的摆动周期变化幅度相当，即摆动天平系统对砝码质量和电容器极板电压变化的灵敏度接近，具有较好的测量对称性。

表 4.2　不同砝码和不同电压条件下试验用摆动天平系统摆动周期的测量结果

电压/V	砝码质量/kg	周期/s	不确定度/10^{-6}
0	0	9.284464	10
0	0.4	9.846881	10
0	1	10.63147	10
0	2	11.81455	10
700	1	11.31961	30
700	2	12.19974	30
1000	1	12.57955	30
1000	2	13.55805	30

4.3　弹性系数的测量结果

试验研究用摆动天平系统的电弹性系数由双 Kelvin 电容器的电容量值随竖直坐标 z 变化的函数确定。在该试验用摆动天平系统平台上，分别测量电容 $C_{12\mathrm{A}}(z)$、$C_{12\mathrm{B}}(z)$、$C_{13\mathrm{A}}(z)$、$C_{13\mathrm{B}}(z)$ 对竖直坐标 z 变化的函数，试验中设定的测量范围约为 ±0.5mm。实施测量时，要同时记录电容测得量值和激光测量长度的数值。典型的 $C_{12\mathrm{A}}(z)$、$C_{12\mathrm{B}}(z)$ 随竖直坐标 z 变化的函数测量结果如图 4.7 所示。

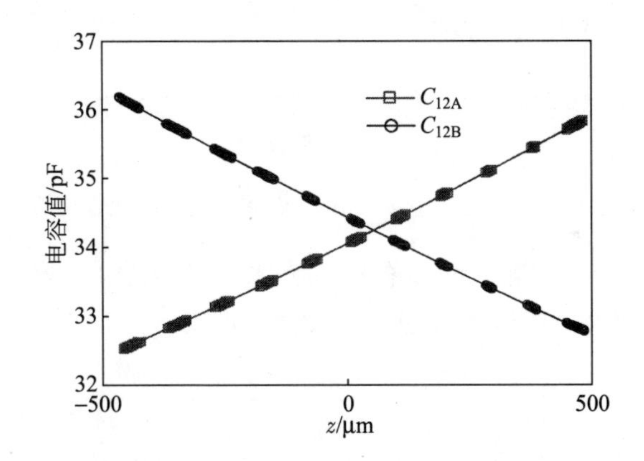

图 4.7　电容 $C_{12\mathrm{A}}(z)$、$C_{12\mathrm{B}}(z)$ 随竖直坐标 z 变化的函数

从图 4.7 可以看出，$C_{12\mathrm{A}}(z)$ 和 $C_{12\mathrm{B}}(z)$ 关于某一竖直坐标轴对称，即试验用摆动天平系统左、右两个电容器在竖直方向上具有较好的结构对称。图 4.7 中 $C_{12\mathrm{A}}(z)$ 和 $C_{12\mathrm{B}}(z)$ 交叉点略偏离直线 $z = 0\mu\mathrm{m}$，该现象是由激光测长系统初始化位置偏离摆动天平系统的平衡位置所致。由于双 Kelvin 电容器系统所产生的静电力仅与电容对竖直坐标 z 的偏导数有关，故该水平偏置对摆动周期法测量结果的分析并无影响。

类似地，典型的 $C_{13\mathrm{A}}(z)$、$C_{13\mathrm{B}}(z)$ 随竖直坐标 z 变化函数关系的测量结果如图 4.8 所示。测量所得的电容 $C_{13\mathrm{A}}(z)$、$C_{13\mathrm{B}}(z)$ 的绝对量值偏差约为 2.055pF。分析认为，这主要是由 Kelvin 电容器中心电极与保护电极不完全同心造成的（此种情况下，电容值将变大）。根据第 2 章阐述的双 Kelvin 电容器准弹性理论，与电容 $C_{13}(z)$ 相关的静电力残差分量主要是

由部分电容 $C_1(z)$（可动电极与中心电极上表面间的电容）静电能量的变化产生的，而电容 $C_1(z)$ 随竖直距离变化的模型仅与可动电极的位置有关，故图 4.8 中的电容偏置对静电弹性系数测量结果并无直接影响。

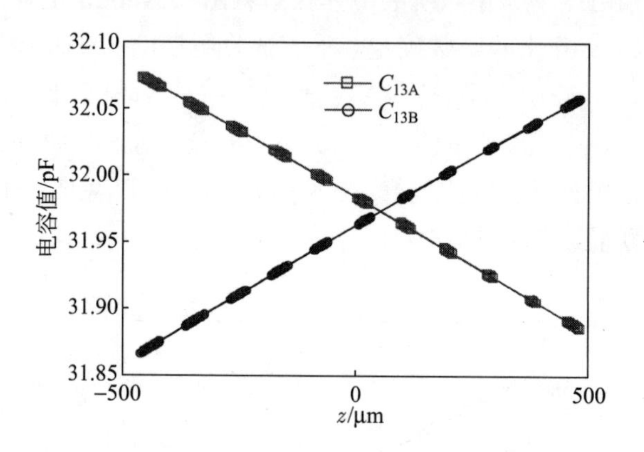

图 4.8 电容 $C_{13A}(z)$、$C_{13B}(z)$ 随竖直坐标 z 变化的函数

通过利用本论文第 3 章讨论的关联法处理所测得的数据，得到电容量值的测量结果如图 4.9、图 4.10、图 4.11 所示。

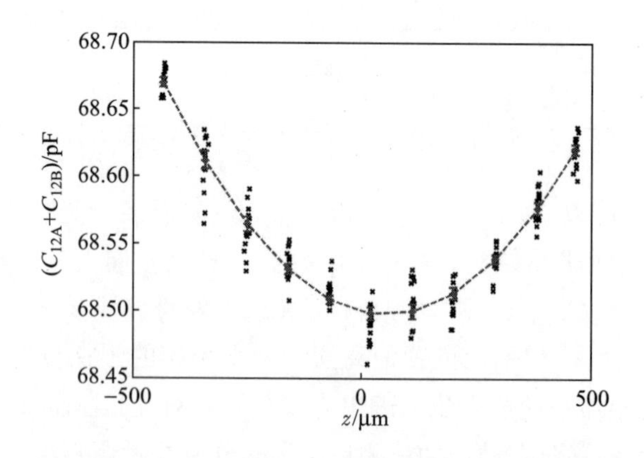

图 4.9 电容 $C_{12A}(z)+C_{12B}(z)$ 随 z 变化的函数

从测量结果可以看出，电容 $C_{12A}(z)+C_{12B}(z)$、电容 $C_{13A}(z)+C_{13B}(z)$ 以及电容 $C_{12A}(z)+C_{12B}(z)+C_{13A}(z)+C_{13B}(z)$ 在摆动天平的平衡位置附近均具有典型的二次曲线特征。其中，电容 $C_{12A}(z)+C_{12B}(z)$ 的二次系数为正，产生反弹性力；电容 $C_{13A}(z)+C_{13B}(z)$ 的二次系数为负，产生正

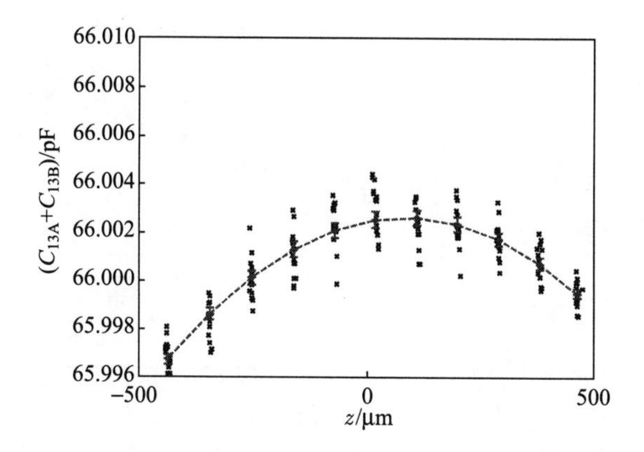

图 4.10　电容 $C_{13\mathrm{A}}(z)+C_{13\mathrm{B}}(z)$ 随 z 变化的函数

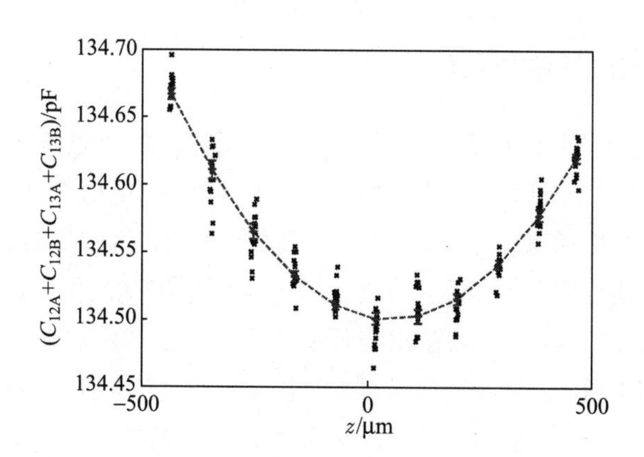

图 4.11　电容 $C_{12\mathrm{A}}(z)+C_{12\mathrm{B}}(z)+C_{13\mathrm{A}}(z)+C_{13\mathrm{B}}(z)$ 随 z 变化的函数

弹性力；电容 $C_{13\mathrm{A}}(z)+C_{13\mathrm{B}}(z)$ 的二次系数约为电容 $C_{12\mathrm{A}}(z)+C_{12\mathrm{B}}(z)$ 的二次系数的 3%。这些结论都验证了第 2 章中相应的理论分析的正确性。

为实现摆动周期法，还需要测定电容的二次系数在 $\theta\to 0$ 条件下的量值，因此必须要考虑其非线性效应。这里，采用第 3 章所讨论的在平衡位置附近采取线性逼近的方法，根据式（3.9）计算得到的电容二次系数非线性效应如图 4.12 所示。测量结果显示，电容的二次系数在 1mm 测量范围内的非线性约为 0.28%；外推得到电容的二次系数的量值为 $0.7119425\mathrm{pF/mm^2}$。测量数据与线性拟合结果差值的标准差为 22×10^{-6}，即电容二次系数测量的 A 类不确定度为 22×10^{-6}。

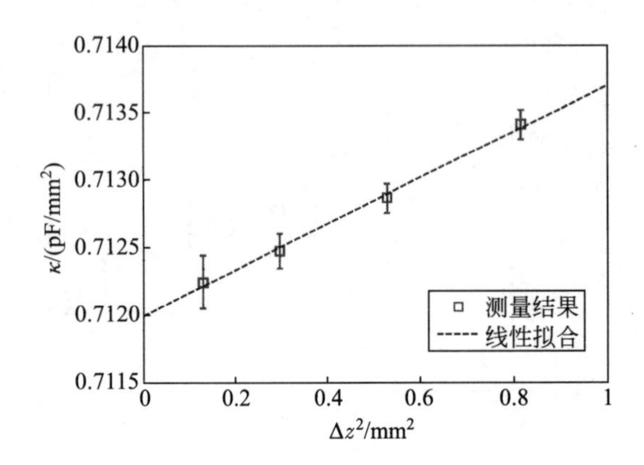

图 4.12　电容所具有的二次系数非线性效应的测量结果

4.4　电压测量结果

在所研制的试验用摆动天平系统上，实施 1 次摆动周期测量的时间约为 17h。若仅靠图 3.20 中平波电容器中存储的电能来维持电压源工作，仅能工作 2h 左右，显然不能满足较长时间测量摆动周期的要求。因此，用于试验验证摆动周期法的测量用电压源采用交流供电的方式工作。图 4.13 中给出了对电压源输出电压在空气中进行 3 次测量所得到的结果。从图 4.13 可见，本书中所研制的电压源在 17h 内的波动（峰-峰值）优于 5×10^{-6}，3 次测量结果的重复性优于 2×10^{-6}。

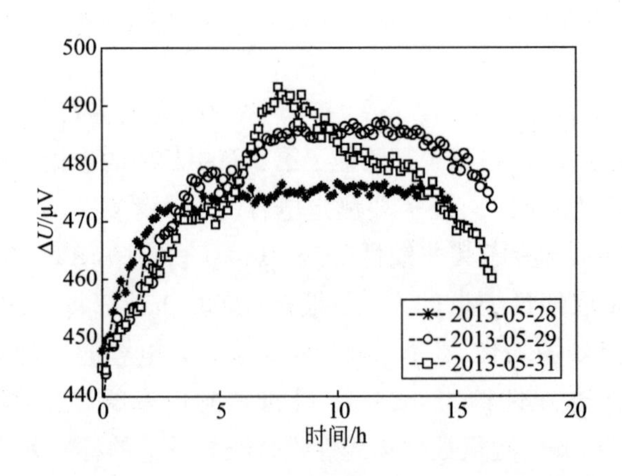

图 4.13　电压源输出电压重复性测量的结果

对所研制的电压源输出电压实施测量得到的具体结果如表 4.3 所示，其中加在 Kelvin 电容器电极两端的电压 U_2 的计算公式为

$$U_2 = \frac{U_1}{R_1} R_2 = \frac{U_{2\mathrm{r}} + \Delta U}{R_1} R_2 \tag{4.3}$$

表 4.3　电压源输出电压的测量结果

R_1/Ω	R_2/Ω	U_{r2}/V	$\Delta U/\mu\mathrm{V}$	U_1/V	U_2/V
100003.91	0	10.000273	0	10.0002730	0
100003.91	7000120.759	10.000273	474	10.0007473	700.0370170
100003.91	10000189.76	10.000273	491	10.0007641	1000.0562817
100003.91	0	10.000273	0	10.0002730	0
100003.91	7000120.759	10.000273	472	10.0007452	700.0368709
100003.91	10000189.76	10.000273	478	10.0007506	1000.0549380

从表 4.3 给出的两组测量结果可以看出，700V 电压挡两次输出结果的差值为 0.2μV/V；1000V 挡电压输出的差值为 1.4μV/V，即该电压源的准确性完全满足验证摆动周期法的试验要求。

4.5　普朗克常数测量结果

根据第 2 章的理论分析，为实现对普朗克常数的测量，首先要求解出 β_1 和 β_2 的 SI 值。对试验用摆动天平系统而言，在 Kelvin 电容器上未施加电压条件下，加载不同质量的砝码，相应测量得到的摆动周期与砝码质量之间的关系如图 4.14 所示。根据摆动天平系统的摆动周期与所加载砝码质量的关系，β_1 和 β_2 的 SI 值可按式（2.32）求解。经过线性拟合 T^2 和 $2m$，得到 β_1 的 SI 值为 6.4655178，β_2 的 SI 值为 2.9589814。

已知 β_1 和 β_2 的 SI 值，再求解出 β_1 和 β_2 的电学 1990 值，便可计算出普朗克常数的值。图 4.15 给出了摆动天平系统加载 1kg 砝码和 2kg 砝码条件下，电容二次系数与所加电压平方乘积 κU^2 和摆动周期导数的平方 $1/T^2$ 之间的关系。类似地，根据摆动天平系统的摆动周期与 Kelvin 电容器电压之间的关系，β_1 和 β_2 的电学 1990 值可以按照式（2.33）求解。

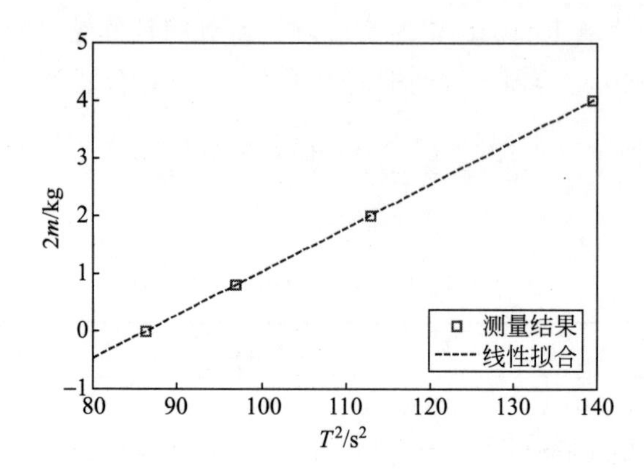

图 4.14 摆动周期 T^2 与砝码质量 m 之间关系的测量结果

经线性拟合 κU^2 和 $1/T^2$，得到 β_1 的电学值为 6.467333，β_2 的电学值为 2.9591744。

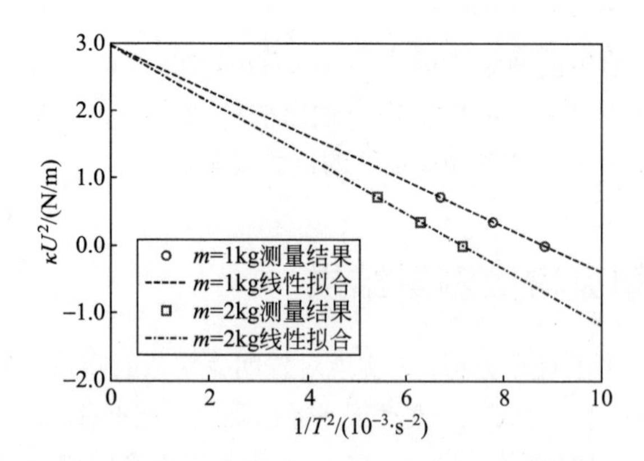

图 4.15 摆动周期 $1/T^2$ 和电容电压 U^2 测量结果

根据式 (1.5)，由 β_1 和 β_2 决定的 γ 的值分别为

$$\gamma(\beta_1) = \frac{\{\beta_1\}_{90}}{\{\beta_1\}_{\mathrm{SI}}} = 1.000280 \tag{4.4}$$

$$\gamma(\beta_2) = \frac{\{\beta_2\}_{90}}{\{\beta_2\}_{\mathrm{SI}}} = 1.000064 \tag{4.5}$$

测量所得的普朗克常数 h 可由式 (4.4) 和式 (4.5) 计算所得的 γ 的

平均值确定，即

$$h = \frac{h_{90}}{\gamma} = \frac{2h_{90}}{\gamma(\beta_1) + \gamma(\beta_2)} = 6.62493 \times 10^{-34}\text{Js} \tag{4.6}$$

根据测量结果，由式(4.6)计算得到的普朗克常数值，与 2010 年 CODATA 报告推荐普朗克常数值的偏差为 1.72×10^{-4}。

4.6　不确定度评估

表 4.4 中给出了用基于本文工作研制的试验用摆动天平系统实施摆动周期法测量普朗克常数，对其测量不确定度进行评估的具体结果。其中，直接测量量的不确定度分量的量值，均已在 4.1~4.4 节的测量结果中给出，在此不作赘述，仅分析以验证摆动周期法测量普朗克常数过程中，最主要的不确定度分量产生的原因。

表 4.4　以摆动周期法测量普朗克常数的不确定度评估表

不确定度来源	不确定度类型	不确定度值（1×10^{-4}）
	求解 β_1 和 β_2 的 SI 值	
砝码质量	A，B	0.01
周期测量	A，B	0.11
线性拟合	A，B	3.52
	求解 β_1 和 β_2 的 1990 值	
电压测量	A，B	0.02
电容测量	A，B	0.05
长度测量	A，B	0.23
周期测量	A，B	0.31
线性拟合	A，B	0.06
合成不确定度		3.55

从表 4.4 中可以看出，以本文工作中所搭建的实现摆动周期法的试验系统测量普朗克常数，最主要的不确定度来源主要包括 3 项：求解 β_1 和 β_2 的 SI 值时的线性拟合模型、摆动周期的测量以及长度的测量。

首先，求解 β_1 和 β_2 的 SI 值时的线性拟合模型，认为天平横梁是非常稳定的，亦即认为 β_1 和 β_2 与所加砝码质量和 Kelvin 电容器电极上的电压是无关的。但严格来讲，β_1 和 β_2 应是所加砝码质量和 Kelvin 电容器电极电压的二维函数。试验研究发现，当在 kg 量级上改变砝码质量时，β_1 和 β_2 的变化约为 10^{-4} 量级；而保持砝码质量不变，改变加在 Kelvin 电容器电极上的电压（kV 量级），β_1 和 β_2 的变化约为 10^{-6} 量级。这是因为 β_1 和 β_2 均为机械几何因子，改变天平负载时，摆动天平的刀口、横梁的转动惯量和质心等均会发生微小的变化。而目前，天平的刀口和横梁均未经过特别的设计和处理，故成为摆动周期法原理验证阶段最主要的不确定度来源。因此，未来摆动周期法研究的一个重点是如何合理设计天平横梁的机械结构，以使得 β_1 和 β_2 具有更好的稳定性，或更深入地研究摆动天平横梁随负载变化的规律，建立更加准确的求解模型。

其次，摆动周期测量的不确定度来源主要包括两个方面：①摆动天平系统固有的摆动周期比较大，而双 Kelvin 电容系统产生的反弹性静电力，将会进一步增大摆动天平系统的摆动周期，此时机械系统固有的低频噪声会对摆动周期的测量产生不良影响，特别是用于周期测量的速度传感器信号的过零点十分平坦，影响了对正弦-方波转换电路过零点判断的准确性，导致摆动周期测量的信噪比较差；②摆动周期变大带来的另一个问题是使测量时间变长，摆动天平系统随时间的漂移将影响测量结果的准确性，而提高摆动周期测量准确性的一个基本方法是减小摆动周期，例如设计实现可准确测量的正弹性电磁力或合理设计 Kelvin 电容器结构，以减小摆动天平左、右边刀的死分量等。

再次，长度测量的不确定度主要来源于天平系统的晃动。在摆动周期法原理验证阶段，试验用的摆动天平放置于空调控温的房间，虽然设计了玻璃罩以减小空气对流对摆动天平系统的影响，但侧漏的空气仍对可动电极的稳定性产生一定影响。另外，对可动电极位置的控制现在采用的是开环系统，其阻尼效果也不够理想。在今后设计实施摆动周期法的精密测量试验中，应设计基于光学传感器的 PID 反馈系统和更合理的阻尼装置，以切实提高电容系数测量的准确性。

4.7　本章小结

在第 3 章研制的验证摆动周期法用试验测量装置平台上，对实现摆动周期法所要求的基本物理量进行了测量和试验研究，并对测量所得的试验数据结果进行了分析，得到的基本结论包括：

(1) 摆动天平系统左、右秤盘所使用的 E_2 等级砝码的相等性优于 1×10^{-6}，由此得到天平横梁的等臂性优于 1×10^{-6}。

(2) 试验验证了所研制的摆动天平系统的灵敏度优于 1mg，通过使用 Kelvin 电容器，可弥补甚至提高由于天平横梁重心下沉造成的天平称量的灵敏度下降。

(3) 对摆动天平系统的摆动周期进行了测量，所得到的其在未加电压和加载电压条件下的特性参数及其量值信息，验证了第 2 章中对摆动天平系统非线性所做的理论分析。

(4) 对双 Kelvin 电容系统中的电容随竖直距离变化的函数进行了测量，并求取了电容函数对竖直距离的二次系数值，所得测量结果符合本文第 2 章中有关双 Kelvin 电容器系统产生反弹性静电力的理论。

(5) 对验证摆动周期法基本原理所实施试验得到的测量结果进行了分析计算，在此基础上得到摆动周期法原理验证试验测得的普朗克常数值为 $h = 6.62493 \times 10^{-34}$Js，该测量结果与 2010 年 CODATA 报告推荐值的偏差为 1.72×10^{-4}。

(6) 对所测得的普朗克常数的不确定度进行了评估，得到其相对不确定度为 3.6×10^{-4}。目前，试验中测量不确定度最大的 3 个分量分别为摆动天平横梁在称量不同质量砝码时的形变、摆动周期测量的不确定度和长度测量的不确定度。对此，需要在以后的设计和研究中加以改进。

第 5 章　结论与展望

5.1　结论

质量量子基准研究的主要内容，是通过试验建立质量单位千克与普朗克常数之间的联系，在测量所得的普朗克常数的准确性达到国际计量委员会 CIPM 要求的基础上，实现质量单位千克的基于基本物理常数的新定义。为了解决这个难题，国际上几十年前就提出了两种解决思路，并将其归纳为功率天平方案和硅球方案。但是，基于功率天平方案和硅球方案测得的质量量值均为引力质量。本文工作中，基于惯性质量与引力质量本质上一致的物理原理，试提出摆动天平方案的基本思想，并通过构建相应的物理试验装置，对惯性质量开展测量，探索建立质量量子基准的新方法，力图为质量单位千克的绝对测量及重新定义提供新的重要依据。而基于不同物理原理和试验方法提供测量结果，正是国际计量局 CIPM-2005 决议中的明确导向和向全世界计量界学者和专家以及各国政府提出的努力方向。

本论文取得的主要研究成果有：

（1）提出了一种基于惯性质量测量质量量子基准研究方案 —— 摆动周期法。与传统摆动法测量惯性质量的研究方案相比，摆动周期法测量惯性质量在具体实现上最大的改进是，采用一架等臂式摆动天平，实现了砝码质量与砝码质量的积分量（如质心、转动惯量等）的充分解耦，从根本上解决了传统的摆动法测量惯性质量时存在的质心难以测定的致命缺陷，为实现惯性质量的精密测量以及建立质量量子基准开辟了一条全新的思路。

（2）建立了摆动周期法测量普朗克常数的基本理论。本文从基本的物理模型和基本物理定理出发，严密地推导了表征摆动天平系统物理特性的基本方程。通过在不同砝码取值和不同电容极板电压取值下摆动天平系统的摆动周期变化，建立了砝码质量-摆动周期-电学量之间的联系。提出了一种替代法测量方案，避免了对摆动天平系统中多个未知的几何因子的测量，进而简明地给出了天平砝码质量与普朗克常数之间的联系方程。

（3）提出了一种新的 Kelvin 电容器产生静电力的工作方式，使静电力在实现上大为简化，避免了传统 Kelvin 电容器产生静电力时，需同步移动中心电极和保护电极的问题。利用复平面的施瓦茨-克里斯托费尔变换，推导得到了 Kelvin 电容器中心电极与保护电极之间的电容计算公式，建立了 Kelvin 电容器在此工作模式下表征静电力的数学模型，并采用有限元计算和具体试验对该工作模式的有效性进行了验证。

（4）设计并实现了一种利用双 Kelvin 电容器系统的非线性产生静电弹性力的方法，用以改变摆动天平系统的摆动周期。这样的设计，将三维的电磁力准直问题转化为了一维的问题，避免了采用线圈系统时不可回避的准直问题。所构建的摆动天平系统形成周期性摆动只需要产生 mN 量级的静电力，使施加在 Kelvin 电容极板上的最高电压仅为 1.6kV，易于实现，且使得电阻分压器的温度特性和电压特性均得到了明显改善。

（5）搭建了验证摆动周期法的试验研究平台，设计并研制出了一系列试验装置。在设计、优化这些装置时，提出了一种线性速度反馈系统，实现了对摆动天平系统的能量控制；通过拟合电容与竖直距离的相关特征，明显提高了电容测量的稳定性；通过优化电阻分压器，研制出一台最高输出 1.6kV 直流电压的精密电压源，其在空气中 8h 的稳定性优于 1×10^{-6}；通过基于 PLC 控制的砝码自动同步加、减装置和继电器控制，实现了摆动天平系统的整体性自动化测量。

（6）在所搭建的试验研究平台上，对摆动周期法的相关物理量进行了测量，试验测得的普朗克常数值为 $h=6.62493\times10^{-34}$Js，其相对不确定度为 3.6×10^{-4}，测量结果验证了本论文所建立的摆动周期法的基本理论，验证了摆动周期法质量量子基准研究方案的可行性。

5.2　展望

本论文提出的以基于测量惯性质量为基础的质量量子基准研究方案——摆动周期法，原理上完全不同于世界上已有的功率天平方案和硅球方案，符合国际计量局关于采用不同质量量子基准研究方案准确测量普朗克常数的决议和要求。本论文建立了摆动周期法测量普朗克常数的基本理论，并通过设计多个具体的试验，在 10^{-4} 量级上对该方案的基本原理进行了验证。但所研发出的实物性摆动周期法实现装置测量普朗克常数的准确性指标，还远未达到国际质量基准的要求。对此，还需要通过艰苦卓绝的努力和探索，不断优化、改进，力争尽早研发出测量不确定度指标满足国际计量局要求的基于该独特技术方案的实物性质量基准装置来。这应该成为我国计量科学工作者乃至多国计量科研人员今后相当长一段时间应努力奋斗的目标之一。

本论文在实施摆动周期法试验的过程中，发现了该试验平台中存在制约摆动周期法准确性的因素，例如摆动天平横梁和刀口的形变、摆动周期测量过长引入的时间漂移等。最近，本论文作者产生了一些对实施摆动周期法已有试验装置进行改进的新想法，可供开展更精密的摆动周期法测量或研究参考。

1. 用轮式等臂天平横梁提高天平横梁的刚性

用于摆动周期法试验的天平横梁结构如图 5.1 (a) 所示，它是一种典型的传统等臂天平结构，其优点是结构简单、易于加工，缺点是在摆动天平左、右秤盘的负载发生变化时，可能产生较大的形变。

图 5.1(b) 给出了该试验用摆动天平系统在左、右秤盘均放置 1kg 砝码条件下，横梁形变的有限元仿真结果（横梁材料为铝合金 7079）。注意，有限元仿真所使用的 Solidworks 软件的图形化显示，故意夸大了天平横梁的形变量，为的是方便观察和比较。仿真结果显示，在此种条件下，该摆动天平横梁左、右边刀处的形变约为 2μm，不能满足以摆动周期法进一步精密测量普朗克常数的要求。

针对传统的等臂天平横梁变形较大的缺点，这里尝试提出一种轮式等臂天平横梁，以期能提高天平横梁在不同负载下的稳定性。初步设计的

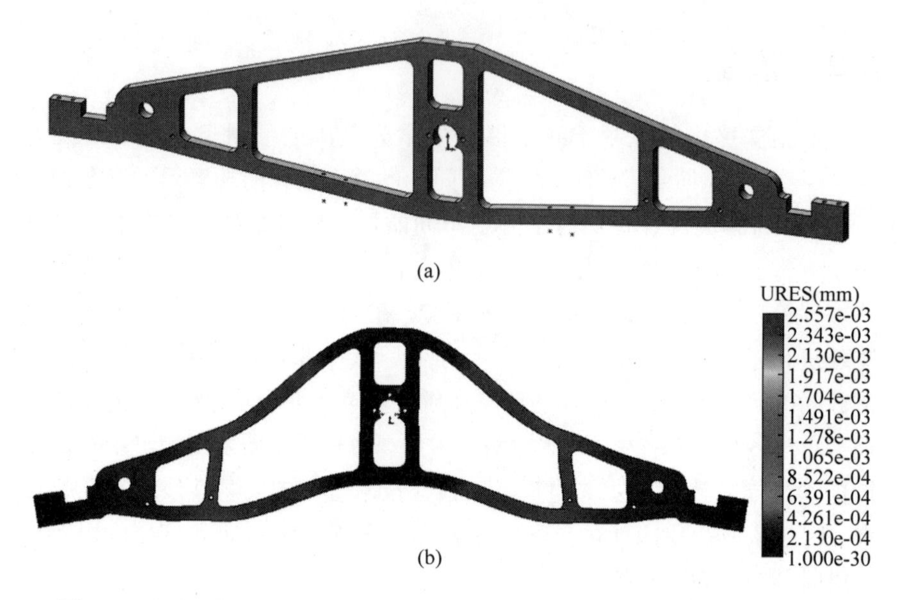

图 5.1 试验用摆动天平系统横梁及其在加载 1kg 砝码时发生形变的仿真结果

轮式天平横梁的结构如图 5.2(a) 所示，该设计参考了 NIST 功率天平横梁的结构，但与其不同的是，对轮子的中间部分均做镂空处理。如此，既可保证轮子的刚性，又能尽可能减小该天平横梁的质量和转动惯量。

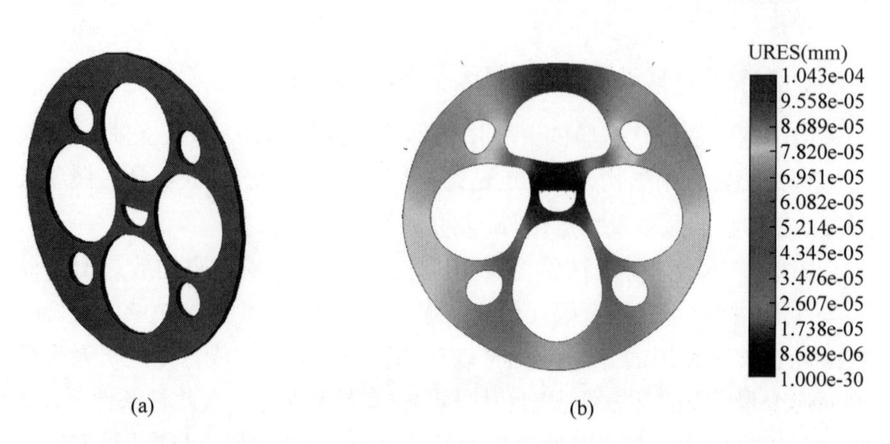

图 5.2 改进的轮式天平系统横梁及其在加载 1kg 砝码时发生形变的仿真结果

图 5.2(b) 给出的是轮式摆动横梁在左、右秤盘均放置 1kg 砝码条件下，其形变的有限元仿真结果（横梁材料为铝合金 7079，轮子半径为

400mm，轮子的厚度与试验用天平横梁的厚度相同)。仿真结果显示出，在与传统等臂天平横梁承载相同的负载情况下，轮式天平横梁左、右边缘处的形变量约为 80nm，即采用该轮式天平横梁，可将本论文工作中所用摆动天平系统横梁的形变减小至约 1/25。

2. 可能产生正电弹性力的方法

本文工作中构建的实现摆动周期法的试验系统，采用双 Kelvin 电容器产生静电弹性力虽具有一系列优点，并在一定的测量准确度范围内试验验证了摆动周期法的基本原理。但进一步深入分析注意到，所提出的双 Kelvin 电容器系统仅能产生反弹性的静电力。在具体所构建的摆动天平系统试验装置的实现方案中，是将反弹性静电力与天平横梁重心产生的正弹性力做抵消，并通过改变摆动天平系统的摆动周期完成相应的测量。在此种测量模式下，总的弹性力变得很小，天平的摆动周期变得很大。如此，各种干扰 (例如天平横梁在加载不同砝码时的变形等) 的相对影响实际上在测量过程中均会被放大，造成信噪比变差，对提高测量的准确度十分不利。

针对最初设计的摆动天平系统中产生的静电力是反弹性力的问题，初步设想了两种可能产生正电弹性力的方法。第一种方法可将天平两侧的两个电容器的功能分开，让左侧的电容器作为垂直位移传感器使用，并将位移量转换成电压后施加在右面的电容器上。如此，可得到正的弹性力 (即与位移方向相反的力)。此改进做法的另一个优点是，用静电力形成正弹性力，不必受限于天平横梁重心形成的正弹性力的限制，正弹性力的幅值大小可增加许多倍，这就可使得测量信噪比大大提高。

为了得到与位移量成正比的正弹性力，实际操作中需对天平先加上一定量的偏置，即在天平右侧的电容器上先加上一定量的恒定电压 U_0。相应地，天平左侧添加上一个相应的小砝码 m_0，以平衡此恒定电压产生的静电力，使摆动天平系统恢复平衡，即

$$m_0 g = \frac{1}{2} U_0^2 \frac{\partial C}{\partial z} \tag{5.1}$$

当天平横梁偏离平衡位置时，通过反馈系统，在 U_0 上叠加一个与天平横梁位移成正比的附加电压 ΔU，加在天平右侧电容器上的电压便成为

$U=U_0+\Delta U$。产生的恢复力矩成为

$$F=\frac{1}{2}(U_0+\Delta U)^2\frac{\partial C}{\partial z}-m_0g \tag{5.2}$$

在天平横梁摆动的幅度很小时，利用泰勒展开式可以证实，恢复力矩在摆动范围内近似与天平横梁的位移成比例，即静电力减去固定的平衡量 m_0g 后，近似为正弹性力。若通过反馈系统对恢复力的非线性做进一步修正，可使此力矩更为准确地成为位移的线性函数。

这里要强调的是，按上述所构建的可产生与横梁位移成正比的附加电压 ΔU 的装置，应该是一个精密的可调节系统，以可靠保证静电正弹性系数的准确性和稳定性。在开始试验时，可利用精密数模转换器件 ADC 达到这一目的。当需要进一步提高测量准确度时，还可利用中国计量科学研究院电压标准实验室运行的可程控约瑟夫森电压基准装置，以取得更为准确的所需的电压增量。

第二种产生正电弹性力的想法如图 5.3 所示，上、下两个固定线圈中通以大小相等、方向相同的电流，永磁体放置在两个线圈的中心位置，经柔性连接悬挂于天平刀口上。

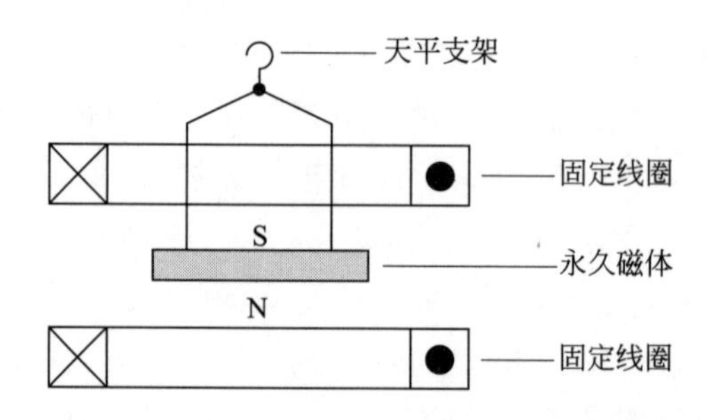

图 5.3 以永磁体为基础产生磁弹性力的装置原理图

该结构的特点是，线圈中电流的大小和方向可以任意调整，可产生磁正弹性力或反弹性力。通过优化两个线圈的几何尺寸、添加补偿线圈以及调整两固定线圈之间的竖直距离，可获得谐波含量较小的弹性力，以减小非线性修正的量值。如图 5.3 所示的永磁系统所产生的磁弹性系数可表征为

$$k=\frac{BLI}{z} \tag{5.3}$$

其中，I 为固定线圈中的电流；BL 为系统的几何因子。欲准确测量磁弹性系数 k，需要准确校准几何因子 BL 的量值。为此，可引入类似于功率天平的速度测量模式来校准 BL，即在摆动天平系统摆动的过程中，测量两固定线圈中的感应电动势与速度的比值 U/v，具体可表征为

$$BL = \frac{U}{v} \tag{5.4}$$

上述的两种可能产生正电弹性力的想法，理论上可减小摆动天平系统的摆动周期，提高测量的准确性。同时，正向弹性力的幅度也可大大提高，如此又可明显改善信噪比。另一方面，通过不同方式实现摆动周期法，可对各种误差来源有更为深入的了解和认识，为今后大幅度提高相关参数测量准确性打好理论研究和试验研究基础。

参考文献

[1] 张钟华, 李世松. 质量量子标准研究的新进展. 仪器仪表学报, 2013, 34(9): 1921-1926

[2] International Bureau of Weights and Measures. The International System of Units (SI), 8th edition. Organisation Intergouvernementale de la Convention du Mètre, 2006

[3] Jiang Y, Ludlow A, Lemke N, et al. Making optical atomic clocks more stable with 10^{-16}-level laser stabilization. Nature Photonics, 2011, 5(3): 158-161

[4] Chou C, Hume D, Koelemeij J, et al. Frequency comparison of two high-accuracy Al^+ optical clocks. Physical review letters, 2010, 104(7): 070802

[5] Pitjeva E V, Standish E M. Proposals for the masses of the three largest asteroids, the Moon-Earth mass ratio and the Astronomical Unit. Celestial Mechanics and Dynamical Astronomy, 2009, 103(4): 365-372

[6] Davis R. The SI unit of mass. Metrologia, 40(6): 299-305

[7] Stock M, Barat P, Davis R S, et al. Calibration campaign against the international prototype of the kilogram in anticipation of the redefinition of the kilogram part I: comparison of the international prototype with its official copies. Metrologia, 2015, 52(2): 310-316

[8] Girard G. The third periodic verification of national prototypes of the kilogram (1988-1992). Metrologia, 1994, 31(4): 317-336

[9] Taylor B, Mohr P J. Letter to the editor: on the redefinition of the kilogram. Metrologia, 1999, 36(1): 63-64

[10] Mills I M, Mohr P J, Quinn T J, et al. Redefinition of the kilogram: a decision whose time has come. Metrologia, 2005, 42(2): 71-80

[11] Karshenboim S G. On the redefinition of the kilogram and ampere in terms of fundamental physical constants. Physics-Uspekhi, 2006, 49(9): 947-954

[12] Gläser M, Borys M, Ratschko D, et al. Redefinition of the kilogram and the impact on its future dissemination. Metrologia, 47(4): 419-428

[13] Roos C, Chwalla M, Kim K, et al. 'Designer atoms' for quantum metrology. Nature, 2006, 443(7109): 316-319

[14] 李天初, 方占军. 从长度米到时间秒: 稳频激光 - 铯喷泉钟 - 飞秒光梳 - 锶光晶格钟. 科学通报, 2011, 56(10): 709-716

[15] Zumberge J, Watkins M, Webb F. Characteristics and applications of precise GPS clock solutions every 30 seconds. Navigation, 1997, 44: 449-456

[16] Bossler J D, Goad C C, Bender P L. Using the Global Positioning System (GPS) for geodetic positioning. Bulletin géodesique, 1980, 54(4): 553-563

[17] Hamilton C A. Josephson voltage standards. Review of Scientific Instruments, 2000, 71(10): 3611-3623

[18] Schulze H, Behr R, Kohlmann J, et al. Design and fabrication of 10 V SI-NIS Josephson arrays for programmable voltage standards. Superconductor Science and Technology, 2000, 13(9): 1293

[19] Jeckelmann B, Jeanneret B. The quantum Hall effect as an electrical resistance standard. Reports on Progress in Physics, 2001, 64(12): 1603-1655

[20] 张钟华, 贺青, 李正坤, 等. 量子化霍尔电阻国家标准的研究. 计量学报, 2005, 26(2): 97-101

[21] Becker P, Bièvre P D, Fujii K, et al. Considerations on future redefinitions of the kilogram, the mole and of other units. Metrologia, 44(1): 1-14

[22] Leonard B. On the role of the Avogadro constant in redefining SI units for mass and amount of substance. Metrologia, 2007, 44(1): 82-86

[23] Kuehne M. Redefinition of the SI. Proceedings of Keynote address, ITS9 (Ninth International Temperature Symposium), Los Angeles: NIST, 2012

[24] Mills I. Draft Chapter 2 for SI Brochure, following redefinitions of the base units. Technical report, 2011

[25] Nair R, Blake P, Grigorenko A, et al. Fine structure constant defines visual transparency of graphene. Science, 2008, 320(5881): 1308

[26] Mohr P J, Taylor B N, Newell D B. CODATA recommended values of the fundamental physical constants: 2010. Reviews of Modern Physics, 2012, 41(4): 043109

[27] CCU. Report of the 18th meeting to the International Committee for Weights and Measures. Technical report, BIPM, 2007

[28] Jones N. Tough science: five experiments as hard as finding the Higgs. Nature, 481(7379): 14-17

[29] Mills I. Thoughts about the timing of the change from the Current SI to the New SI. Technical report, CCU, 2009

[30] Eichenberger A, Jeckelmann B, Richard P. Tracing Planck's constant to the kilogram by electromechanical methods. Metrologia, 2003, 40(6): 356-365

[31] Eichenberger A, Geneves G, Gournay P. Determination of the Planck constant by means of a watt balance. The European Physical Journal Special Topics, 2009, 172(1): 363-383

[32] Li S, Han B, Li Z, et al. Precisely measuring the Planck constant by electromechanical balances. Measurement, 2012, 45(1): 1-13

[33] Stock M. Watt balance experiments for the determination of the Planck constant and the redefinition of the kilogram. Metrologia, 2013, 50(1): R1-R16

[34] Steiner R. History and progress on accurate measurements of the Planck constant. Reports on Progress in Physics, 2013, 76(1): 016101

[35] Becker P, Bettin H, Danzebrink H, et al. Determination of the Avogadro constant via the silicon route. Metrologia, 2003, 40(5): 271-287

[36] Massa E, Nicolaus A. International determination of the Avogadro constant. Metrologia, 2011, 48(2): Foreword

[37] Andreas B, Azuma Y, Bartl G, et al. Determination of the Avogadro Constant by Counting the Atoms in a ^{28}Si Crystal. Physical review letters, 2011, 106(3): 030801

[38] Chiao W, Liu R, Shen P. The absolute measurement of the ampere by means of NMR. IEEE Transactions on Instrumentation & Measurement, 1980, 29(4): 238-242

[39] Olsen P T, Bower V E, Phillips W D, et al. The NBS absolute ampere experiment. IEEE Transactions on Instrumentation & Measurement, 1985, 34(2): 175-181

[40] Tarbeyev Y V, Frantsuz E. Measuring procedure to realize the ampere by the superconducting mass levitation method. Metrologia, 1992, 29(4): 313-314

[41] Bego V. Determination of the volt by means of voltage balances. Metrologia, 1988, 25(3): 127-133

[42] Bego V, Butorac J, Poljancic K. Voltage balance for replacing the kilogram. IEEE Transactions on Instrumentation & Measurement, 1995, 44(2): 579-582

[43] Bego V, Butorac J, Ilic D. Realization of the Kilogram by measuring at 100 kV with the Voltage Balance ETF. IEEE Transactions on Instrumentation & Measurement, 1999, 48(2): 212-215

[44] Kibble B P. A measurement of the gyromagnetic ratio of the proton by the strong field method. Proceedings of Atomic Masses and Fundamental Constants 5. Springer, 1976: 545-551

[45] Zhang Z, He Q, Li Z, et al. Recent development on the Joule Balance at NIM. IEEE Transactions on Instrumentation & Measurement, 2011, 60(7): 2533-2538

[46] Josephson B D. Possible new effects in superconductive tunnelling. Physics Letters, 1962, 1(7): 251-253

[47] Klitzing K V, Dorda G, Pepper M. New method for high-accuracy determination of the fine-structure constant based on quantized Hall resistance. Physical Review Letters, 1980, 45(6): 494-497

[48] Keller M W. Current status of the quantum metrology triangle. Metrologia, 2008, 45(1): 102-109

[49] Taylor B N. New international electrical reference standards based on the Josephson and quantum Hall effects. Metrologia, 1989, 26(1): 47-62

[50] Sienknecht V, Funck T. Determination of the SI volt at the PTB. IEEE Transactions on Instrumentation & Measurement, 1985, 34(2): 195-198

[51] Sienknecht V, Funck T. Realization of the SI unit volt by means of a voltage balance. Metrologia, 1986, 22(3): 209-212

[52] Bachmair H, Funck T, Hanke R, et al. Realization and maintenance of the unit of capacitance with the PTB cross capacitor during the last ten years. IEEE Transactions on Instrumentation & Measurement, 1995, 44(2): 440-442

[53] Sloggett G J, Clothier W K, Currey M F, et al. Absolute determination of the volt using a liquid electrometer. IEEE Transactions on Instrumentation & Measurement, 1985, 34(2): 187-191

[54] Chen W, Xiao J, Shen Y, et al. High precision high voltage divider and its application to electron beam ion traps. Review of Scientific Instruments, 2008, 79(12): 123304

[55] Thümmler T, Marx R, Weinheimer C. Precision high voltage divider for the KATRIN experiment. New Journal of Physics, 2009, 11(10): 103007

[56] Kibble B P, Robinson I A, Belliss J H. A realization of the SI watt by the NPL moving-coil balance. Metrologia, 1990, 27(4): 173-192

[57] Robinson I A, Kibble B P. An initial measurement of Planck's constant using the NPL Mark II watt balance. Metrologia, 2007, 44(6): 427-440

[58] Robinson I A. Towards the redefinition of the kilogram: a measurement of the Planck constant using the NPL Mark II watt balance. Metrologia, 2012, 49(1): 113-156

[59] Steiner R L, Newell D B, Williams E R. A result from the NIST watt balance and an analysis of uncertainties. IEEE Transactions on Instrumentation & Measurement, 1999, 48(2): 205-208

[60] Steiner R L, Williams E R, Newell D B, et al. Towards an electronic kilogram: an improved measurement of the Planck constant and electron mass. Metrologia, 2005, 42(5): 431-441

[61] Steiner R L, Williams E R, Liu R, et al. Uncertainty improvements of the NIST electronic kilogram. IEEE Transactions on Instrumentation & Measurement, 2007, 56(2): 592-596

[62] Schlamminger S, Haddad D, Seifert F, et al. Determination of the Planck constant using a watt balance with a superconducting magnet system at the National Institute of Standards and Technology. Metrologia, 2014, 51(2): S15-S24

[63] Steele A, Meija J, Sanchez C, et al. Reconciling Planck constant determinations via watt balance and enriched-silicon measurements at NRC Canada. Metrologia, 2012, 49(1): L8-L10

[64] Sanchez C, Wood B, Green R, et al. A determination of Planck's constant using the NRC watt balance. Metrologia, 2014, 51(2): S5-S14

[65] Beer W, Eichenberger A L, Jeanneret B, et al. Status of the METAS watt balance experiment. IEEE Transactions on Instrumentation & Measurement, 2003, 52(2): 626-630

[66] Eichenberger A, Baumann H, Jeanneret B, et al. Determination of the Planck constant with the METAS watt balance. Metrologia, 2011, 48(3): 133-141

[67] Baumann H, Eichenberger A, Cosandier F, et al. Design of the new METAS watt balance experiment Mark II. Metrologia, 2013, 50(3): 235-242

[68] Genevès G, Gournay P, Gosset A, et al. The BNM watt balance project. IEEE Transactions on Instrumentation & Measurement, 2005, 54(2): 850-853

[69] Gournay P, Genevès G, Alves F, et al. Magnetic circuit design for the BNM watt balance experiment. IEEE Transactions on Instrumentation & Measurement, 2005, 54(2): 742-745

[70] Thomas M, Espel P, Ziane D, et al. First determination of the Planck constant using the LNE watt balance. Metrologia, 2015, 52(2): 433-443

[71] Thomas M, Espel P, Bielsa F, et al. Present status of the LNE watt balance. Proceedings of 2012 Conference on Precision Electromagnetic Measurements (CPEM 2012), 2012: 332-333

[72] Picard A, Stock M, Fang H, et al. The BIPM watt balance. IEEE Transactions on Instrumentation & Measurement, 2007, 56(2): 538-542

[73] Picard A, Bradley M P, Fang H, et al. The BIPM watt balance: improvements and developments. IEEE Transactions on Instrumentation & Measurement, 2011, 60(7): 2378-2386

[74] Fang H, Kiss A, Robertsson L, et al. Status of the BIPM watt balance. Proceedings of 2012 Conference on Precision Electromagnetic Measurements (CPEM 2012), 2012: 424-425

[75] Sutton C. An oscillatory dynamic mode for a watt balance. Metrologia, 2009, 46(5): 467-472

[76] Sutton C, Fitzgerald M, Jack D. The concept of a pressure balance based watt balance. Proceedings of 2010 Conference on Precision Electromagnetic Measurements (CPEM 2010), 2010: 131-132

[77] Kim D, Woo B, Lee K, et al. Design of the KRISS watt balance. Metrologia, 2014, 51(2): S96-S100

[78] Zhang Z, He Q, Li Z. An approach for improving the watt balance. Proceedings of 2006 Conference on Precision Electromagnetic Measurements (CPEM 2006), 2006: 9-14

[79] Li Z, Zhang Z, He Q, et al. A compensation method to measure the mutual inductance at low frequency. IEEE Transactions on Instrumentation & Measurement, 2011, 60(7): 2292-2297

[80] Lan J, Zhang Z, Li Z, et al. A compensation method with a standard square wave for precise DC measurement of mutual inductance for Joule balance. IEEE Transactions on Instrumentation & Measurement, 2012, 61(9): 2524-2532

[81] 兰江, 李正坤, 贺青, 等. 用于焦耳天平的两种直流互感测量方法的比较分析. 纳米技术与精密工程, 2012, 10(4): 359-364

[82] Xu J, Zhang Z, Li Z, et al. A determination of the Planck constant by the generalized joule balance method with a permanent-magnet system at NIM. Metrologia, 2016, 53(1): 86-97

[83] Andreas B, Azuma Y, Bartl G, et al. Counting the atoms in a ^{28}Si crystal for a new kilogram definition. Metrologia, 2011, 48(2): S1-S13

[84] Meija J, Mester Z, Pramann A, et al. On the molar mass of silicon for a new Avogadro constant. Proceedings of 2012 Conference on Precision Electromagnetic Measurements (CPEM 2012), 2012: 476-477

[85] Borys M, Gläser M, Mecke M. Mass determination of silicon spheres used for the Avogadro project. Measurement, 2007, 40(7): 785-790

[86] Bartl G, Bettin H, Krystek M, et al. Volume determination of the Avogadro spheres of highly enriched ^{28}Si with a spherical Fizeau interferometer. Metrologia, 2011, 48(2): S96-S103

[87] Busch I, Danzebrink H U, Krumrey M, et al. Oxide layer mass determination at the silicon sphere of the Avogadro project. IEEE Transactions on Instrumentation & Measurement, 2009, 58(4): 891-896

[88] Busch I, Azuma Y, Bettin H, et al. Surface layer determination for the Si spheres of the Avogadro project. Metrologia, 2011, 48(2): S62-S82

[89] Azuma Y, Barat P, Bartl G, et al. Improved measurement results for the Avogadro constant using a 28Si-enriched crystal. Metrologia, 2015, 52(2): 360-375

[90] Haddad D, Seifert F, Chao L, et al. Invited Article: A precise instrument to determine the Planck constant, and the future kilogram. Review of Scientific Instrument, 2016, 87(6): 061301

[91] Pogliano U, Serazio D. Prototype of a pendulum for deriving the kilogram from electrical quantities. IEEE Transactions on Instrumentation & Measurement, 2009, 58(4): 930-935

[92] Lan S Y, Kuan P C, Estey B, et al. A clock directy linking time to a particle's mass. Science, 2013, 339(6119): 554-557

[93] Baessler S, Heckel B, Adelberger E, et al. Improved test of the equivalence principle for gravitational self-energy. Physical Review Letters, 1999, 83(18): 3585-3588

[94] Schlamminger S, Choi K Y, Wagner T, et al. Test of the equivalence principle using a rotating torsion balance. Physical Review Letters, 2008, 100(4): 041101

[95] Mills I M, Mohr P J, Quinn T J, et al. Redefinition of the kilogram, ampere, kelvin and mole: a proposed approach to implementing CIPM recommendation 1 (CI-2005). Metrologia, 2006, 43(3): 227-246

[96] Quinn T. The beam balance as an instrument for very precise weighing. Measurement Science and Technology, 1992, 3(2): 141-159

[97] 周衍柏. 理论力学教程. 第 3 版. 北京: 高等教育出版社, 2009

[98] Kirschvink J L. Uniform magnetic fields and double-wrapped coil systems: improved techniques for the design of bioelectromagnetic experiments. Bioelectromagnetics, 1992, 13(5): 401-411

[99] Toth F N, Meijer G C, Kerkvliet H. A very accurate measurement system for multielectrode capacitive sensors. IEEE Transactions on Instrumentation & Measurement, 1996, 45(2): 531-535

[100] Thompson A M, Lampard D G. A new theorem in electrostatics and its application to calculable standards of capacitance. 1956, 177(4515): 888

[101] Thompson A. The Precise Measuremient of Small Capacitances. IRE Transactions on Instrumentation 1958, 1(3): 245-253

[102] Small G, Ricketts B, Coogan P, et al. A new determination of the quantized Hall resistance in terms of the NML calculable cross capacitor. Metrologia, 1997, 34(3): 241-243

[103] Jeffery A, Elmquist R, Shields J, et al. Determination of the von Klitzing constant and the fine-structure constant through a comparison of the quantized Hall resistance and the ohm derived from the NIST calculable capacitor. Metrologia, 1998, 35(2): 83-96

[104] Heerens W C, Vermeulen F. Capacitance of Kelvin guard-ring capacitors with modified edge geometry. Journal of Applied Physics, 1975, 46(6): 2486-2490

[105] Driscoll T A, Trefethen L N. Schwarz-Christoffel Mapping, volume 8. Cambridge University Press, 2002

[106] Beléndez A, Pascual C, Méndez D, et al. Exact solution for the nonlinear pendulum. Revista brasileira de ensino de física, 2007, 29(4): 645-648

[107] Mizuno T, Enoki S, Hayashi T, et al. Extending the linearity range of eddy-current displacement sensor with magnetoplated wire. IEEE Transactions on Magnetics, 2007, 43(2): 543-548

[108] Wogersien A, Samson S, Guttler J, et al. Novel inductive eddy current sensor for angle measurement. Proceedings of IEEE, 2003, 1: 236-241

[109] Peters R D. Capacitive angle sensor with infinite range. Review of Scientific Instruments, 1993, 64(3): 810-813

[110] Toth F N, Meijer G C. A low-cost, smart capacitive position sensor. IEEE Transactions on Instrumentation & Measurement, 1992, 41(6): 1041-1044

[111] Li S, Yang C, Zhang E, et al. Compact optical roll-angle sensor with large measurement range and high sensitivity. Optics letters, 2005, 30(3): 242-244

[112] Wang S F, Chiu M H, Lai C W, et al. High-sensitivity small-angle sensor based on surface plasmon resonance technology and heterodyne interferometry. Applied Optics, 2006, 45(26): 6702-6707

[113] Riley J C. The accuracy of series and parallel connections of four-terminal resistors. Instrumentation & Measurement IEEE Transactions on, 1967, 16(3): 258-268

[114] Gaspar J, Chen S F, Gordillo A, et al. Digital lock in amplifier: study, design and development with a digital signal processor. Microprocessors and Microsystems, 2004, 28(4): 157-162

[115] Li S, He Q, Zhang Z, et al. Simple eddy current sensor for small angle measurement. Proceedings of 2012 Conference on Precision Electromagnetic Measurements (CPEM 2012), 2012, 496-497

[116] Cheung S Y, Coleri S, Dundar B S, et al. Traffic measurement and vehicle classification with single magnetic sensor. Transportation Research Record: Journal of the Transportation Research Board, 2005, 1917(1): 173-181

[117] Schlamminger S. Design of the Permanent-Magnet System for NIST-4. IEEE Transactions on Instrumentation & Measurement, 2013, 62(6): 1524-1530

[118] Kibble B P, Robinson I A, Belliss J H. A realization of the SI watt by the NPL moving-coil balance. Metrologia, 1990, 27(4): 173-192

[119] Sutton C M , Clarkson M T. A magnet system for the MSL watt balance. Metrologia, 2014, 51(2): S101-S106

[120] Schwarz J P, Liu R, Newell D B, et al. Hysteresis and related error mechanisms in the NIST watt balance experiment. Journal of Research National Institute of Standards and Technology, 2001, 106(4): 627-640

[121] Heerens W C. Application of capacitance techniques in sensor design. Journal of Physics E: Scientific Instruments, 1986, 19(11): 897-906

[122] Petersons O, Anderson W E. A wide-range high-voltage capacitance bridge with one PPM accuracy. IEEE Transactions on Instrumentation & Measurement, 1975, 24(4): 336-344

[123] Hamilton C A, Lloyd F L, Chieh K, et al. A 10-V Josephson voltage standard. IEEE Transactions on Instrumentation & Measurement, 1989, 38(2): 314-316

[124] Lloyd F L, Hamilton C A, Beall J, et al. A Josephson array voltage standard at 10 V. IEEE Electron Device Letters, 1987, 8(10): 449-450

[125] Edson W, Oetzel G. Capacitance voltage divider for high-voltage pulse measurement. Review of Scientific Instruments, 1981, 52(4): 604-606

[126] Wong C. Simple nanosecond capacitive voltage divider. Review of Scientific Instruments, 1985, 56(5): 767-769

[127] Marx R. New concept of PTBs standard divider for direct voltages of up to 100 kV. IEEE Transactions on Instrumentation & Measurement, 2001, 50(2): 426-429

后　　记

衷心感谢导师张钟华院士对本人的精心指导。五年来，我所取得的每一点进步，都离不开张先生的支持、鼓励和帮助。张先生渊博的知识、严谨治学的态度以及极富创新的探索精神，将指引我在学术研究的道路上继续前行。衷心感谢副导师赵伟教授对本人无私的支持和帮助。赵老师诚挚朴实的为人为学态度，将时刻砥砺着我谦逊为人，踏实做事。

衷心感谢中国计量科学研究院电磁所所长贺青研究员对本人博士课题的大力支持和帮助。感谢中国计量科学研究院陆阻良研究员、李正坤研究员、邵海明研究员、张江涛研究员、高原研究员、钱进研究员和刘瑞民研究员对本人博士学位论文课题的指导和帮助。

衷心感谢课题组各位师兄弟对本人给予的关心和照顾，与韩冰博士、兰江博士、鲁云峰助理研究员、赵建亭博士、曲正伟博士、黄璐博士、杨雁博士、屈继峰博士、潘仙林博士的讨论，均使本人受益匪浅。感谢富雅琼、李辰、何恒靖、许金鑫、周琨荔、王农、王刚、刘建波、谭红以及沈阳天平厂的师傅们为本人博士学位论文研究过程中所提供的帮助。感谢清华大学电机系电气工程新技术研究所所有老师和同学们给予我的指导、关心和帮助。

在美国国家标准和技术研究院（NIST）功率天平课题组为期 6 个月的合作研究期间，承蒙 J. R. Pratt 博士、S. Schlamminger 博士、F. Seifert 博士、D. Haddad 博士、D. B. Newell 博士的热心指导和帮助，不胜感激。感谢 T. Quinn 博士、M. Kuehne 博士、B. Inglis 博士、R. Davis 博士、E. O. Goebel 博士以及 H. S. Semerjian 博士对摆动周期法给予的关注和反馈，作为质量基准研究领域的顶尖专家，他们的肯定和鼓励给了我不断向前的动力。

特别要感谢我的妻子闫君女士和我的家人对我生活的精心照顾，他们的默默支持和无私奉献，给了我战胜一切困难和挑战的勇气。

本课题承蒙国家自然科学基金（基金号：201010010）和国家质量监督检验检疫总局公益基金（基金号：51077120）的资助，特此致谢。